Klostermann Text
Philosophie

Bonaventura, Thomas von Aquin,
Boethius von Dacien

Über die Ewigkeit der Welt

Mit einer Einleitung von Rolf Schönberger

Übersetzung und Anmerkungen
von Peter Nickl

Vittorio Klostermann Frankfurt am Main

Die Drucklegung des Bandes wurde von der Diözese Regensburg unterstützt.

Die Deutsche Bibliothek – CIP-Einheitsaufnahme

Ein Titeldatensatz für diese Publikation ist bei
Der Deutschen Bibliothek erhältlich.

© Vittorio Klostermann GmbH Frankfurt am Main 2000
Alle Rechte vorbehalten, insbesondere die des Nachdrucks und der Übersetzung.
Ohne Genehmigung des Verlages ist es nicht gestattet, dieses Werk oder Teile
in einem photomechanischen oder sonstigen Reproduktionsverfahren oder unter
Verwendung elektronischer Systeme zu verarbeiten, zu vervielfältigen und zu
verbreiten. Gedruckt auf alterungsbeständigem Papier ∞ ISO 9706
Druck: Weihert-Druck GmbH, Darmstadt
Printed in Germany
ISBN 3-465-03097-4

Inhalt

Der Disput über die Ewigkeit der Welt   VII
ROLF SCHÖNBERGER

Über die Ewigkeit der Welt   1

I   BONAVENTURA
    Utrum mundus productus sit ab aeterno, an ex tempore.   2
    Ist die Welt in der Zeit hervorgebracht, oder von Ewigkeit?   3

II   THOMAS VON AQUIN
    Utrum mundus sit aeternus.   30
    Ist die Welt ewig?   31

III   THOMAS VON AQUIN
    De aeternitate mundi   82
    Die Ewigkeit der Welt   83

IV   BOETHIUS VON DACIEN
    De aeternitate mundi   104
    Die Ewigkeit der Welt   105

Literatur   173

ROLF SCHÖNBERGER

Der Disput über die Ewigkeit der Welt

I.

Kant hat sich einmal notiert: „Das Jahr 69 gab mir großes Licht."[1] Dieses Licht bezieht sich auf einen Gedanken, den Kant für eine große, für die Struktur und das weitere Schicksal der Metaphysik entscheidende Entdeckung gehalten hatte. Die Vernunft muß aus einem immanenten und unausweichlichen Grunde das Unbedingte denken. Der Grund liegt darin, daß das Gegebene ein bedingtes ist und so auch umgekehrt das Bedingte gegeben ist; wenn es aber gegeben ist, dann muß auch die gesamte Reihe seiner Bedingungen gegeben sein. Diese kann aber nicht wieder bedingt, sondern muß unbedingt sein.[2] Wenn die Vernunft diesen Begriff des Unbedingten nun aber mit einem realen Gehalt füllt, dann gerät sie in Widersprüche. Nicht zu solchen, die mit einer begrifflichen Unterscheidung wieder aus der Welt zu schaffen wären – allenfalls mit einer Unterscheidung, die eine grundsätzliche Neuorientierung des theoretischen Weltverhältnisses nach sich zieht. Einer dieser Widersprüche – und er gehört, wie Kant sehr viel später selbst bekundet,[3] neben der Freiheitsantinomie zum ursprünglichen Anstoß – betrifft die Frage, ob die Welt einen Anfang in der Zeit habe. Wie in allen anderen Varianten der Antinomie der reinen Vernunft hat Kant die Argumentation so gebaut, daß sich jeweils aus der Setzung des einen Satzes der kontradiktorisch entgegengesetzte ergibt. Es gibt also nicht bloß irgendwelche plausiblen oder vielleicht sogar notwendigen Gründe dafür, daß die Welt einen Anfang in der Zeit hat, und gleichzeitig dafür, daß die Welt keinen An-

---
[1] R 5037 (AA XVIII p.69); zitiert auch bei K. Jaspers, Kant, in: Die großen Philosophen Bd.I, München 1957, p.453). Dazu zuletzt: L. Kreimendahl, Kant – Der Durchbruch von 1769, Köln 1990.
[2] cf. KrV B 364; 525; 436.
[3] Brief an Garve 21.9.1798 (AA XII p.257 sq.).

fang in der Zeit hat, vielmehr ergeben sich diese beiden Behauptungen durch die Bauform des indirekten Beweises auseinander. Die Radikalität des Widerspruchs liegt also nicht allein im Verhältnis zweier Sätze, sondern erstens darin, daß sich diese jeweils auseinander ergeben, und zweitens darin, daß sich in ihnen eine unaufhebbare Verfaßtheit der Vernunft – nicht irgendwelcher beliebiger Gegenstände derselben! – ausdrückt; die Antithetik heißt insofern ebenso eine „natürliche"[4] wie die ihr zugrundeliegende Illusion eine „natürliche" ist.[5] Das heißt nichts anderes, als daß der Widerspruch, da er zwischen solchen Sätzen besteht, einen Widerspruch der Vernunft mit sich selbst einschließt.[6] Kant sieht keine andere Lösung als jene neue Form von Theorie, die er selbst als transzendentalen Idealismus bezeichnet: Raum und Zeit sind keine Eigenschaften der Dinge, sondern Formen der Anschauung. Was nun die permanenten Kontroversen der Philosophen angeht, so glaubte Kant, endlich Klarheit darüber gewonnen zu haben, und zwar sowohl darüber, warum sich diese Widersprüche ausbilden und ständig reproduzieren, wie auch darüber, warum sie gerade diese Fragen betreffen, und zuletzt, wieso sie nicht auszuräumen sind – jedenfalls dann nicht, wenn man nur advokatorisch versucht, die eine der beiden Seiten mit neuen und zusätzlichen Argumenten auszustatten. Diese von Kant beanspruchte Einsicht war jedoch verbunden mit einem Begriff von Vernunft, welcher diese dadurch nicht der Skepsis aussetzte, daß ihren theoretischen Ansprüchen ebenso enge wie deutliche Grenzen gezogen wurden.

Beweistheoretisch liegen die Vorzüge wie auch die Nachteile des kantischen Verfahrens auf der Hand: Durch die apagogische Methode werden nicht bloß Konklusionen verglichen, um dabei festzustellen, daß sie widersprüchlich sind, vielmehr schließt jeder Satz bereits durch die Art seiner Begründung den ihm widersprechenden Satz ein. Gleichwohl bleibt natürlich zunächst jeder Satz in sich analysebedürftig. Man hat denn auch viele Bedenken dagegen vorgebracht: Eine vorsichtige Distanz gegenüber der notwendigen Verwurzelung der Antinomien in der Vernunft läßt sich sogar auch bei Heidegger bele-

---

4   KrV B 434.
5   KrV B 354.
6   KrV B 435; 492; 525; 544; 768.

gen.⁷ Schopenhauer hat von einer „bloße[n] Spiegelfechterei"⁸ gesprochen. Jene Einwände lassen sich nicht damit auffangen, daß man wie etwa K. Jaspers sagt: „Man hat Fehler nachzuweisen geglaubt. Aber Kant selber hält sie ja für falsch. Daher fragt es sich bei der Kritik nur, ob eine andere Irrung als die von Kant erkannte vorliegt."⁹ Aber eben solche sind bei den genannten Beispielen gerade nicht gemeint. Kant selbst hält selbstverständlich die Beweise für stringent – „Für die Richtigkeit der Beweise verbürge ich mich"¹⁰ – sonst bliebe der antinomische Effekt ja aus. Aber wie nicht selten folgt die Denkgeschichte dem Eindruck einer neuen und fundamentalen Fragestellung, und hält nicht inne, bis die theoretische Analyse der Argumente zu einer abschließenden Bewertung kommt; schließlich hat es wenig Sinn, eine solche überhaupt zu erwarten.

Die Wirkung der kantischen Argumentation läßt sich nicht leicht überschätzen. Daß das Problem des Weltanfangs heute im Schatten des philosophischen Diskurses steht, hat wesentlich mit dem Licht zu tun, von dem Kant gesprochen hat. Gleichwohl hat das Fragen, ob die Welt einen Anfang gehabt habe, kein Ende in einer definitiven Antwort gefunden. Vielleicht darf man aber sagen, daß das Problem, was von der jeweiligen Antwort eigentlich abhängt, noch gar nicht wirklich angegangen worden ist. (Gerade in dieser Hinsicht ist die Position des Thomas von Aquin einigermaßen überraschend.)

Da jedoch Kant diese Frage zu einer solchen gemacht zu haben schien, auf die es aus definitiven Gründen keine metaphysische Antwort geben kann, ist sie – mit einem naturgemäß gewandelten Sinn von „Anfang" – von der sogenannten rationalen Kosmologie in die physikalische Kosmologie gewandert. Es ist allerdings leicht zu sehen, daß die Astrophysik allenfalls eine elementare Anfangssituation hypothetisch zu rekonstruieren imstande ist, aus der sich nach den bekannten Naturgesetzen die jetzige Verfaßtheit der Welt herleiten läßt; ob diese elementare Situation nicht von der Art sein könnte, daß et-

---

7 Vom Wesen der menschlichen Freiheit, GA XXXI p.225 sq.
8 Der handschriftliche Nachlaß, ed. A. Hübscher, Frankfurt 1966 sqq., II p.416.
9 Kant, in: Die großen Philosophen, München 1957, p.454.
10 Prol. § 52 (AA IV p.340); auch in KrV B 535: „Man siehet daraus, daß die obigen Beweise der vierfachen Antinomie nicht Blendwerke, sondern gründlich waren."

was anderes vorhergeht, läßt sich mit den Methoden der Astrophysik nicht beantworten; mit anderen Worten, sie kann von einem „Anfang" nur in einem relativen Sinne reden.

II.

Was soll nun angesichts dieser Situation eine Vergegenwärtigung der mittelalterlichen Texte? Sind sie durch die kantische Lehre und die heutige Diskussionslage nicht obsolet? Eine erneute Zuwendung zu ihnen bliebe allerdings in einigen wichtigen Hinsichten naiv, wenn man den Rückgang nicht mit Kant begänne. Was jene vor gut 700 Jahren geführte Diskussion jedoch gleichwohl von besonderem Interesse bleiben läßt, ist folgendes:

– Es gibt Prozesse, die ihren Sinn lediglich im Erreichen ihres Endpunktes haben, so daß dieser jenen Prozeß gleichsam gegenstandslos macht. Kant gibt zwei Argumente, die aus einer großen Fülle von Begründungen und Einwendungen stammen. Für Kant ist nicht diese Reduktion wesentlich, sondern dies, daß schon mit diesen beiden seinem Anspruch nach gezeigt werden kann, daß beide auf einer widersprüchlichen Voraussetzung beruhen. Daß die Argumente für Thesis und Antithesis nicht von Kant erfunden worden sind, darf nicht bloß die – bei einem gewissen Tonfall leicht irreführende – Frage aufkommen lassen: Woher hat er sie? Hierfür ist durchaus von Wichtigkeit, daß Kants Lehrer Martin Knutzen 1733 ein Buch geschrieben hat mit dem Titel: „Dissertatio metaphysica de aeternitate mundi impossibili".[11]

– Zum anderen aber: Gerade weil sie einem historischen Reservoir von Argumenten entstammen, ergibt sich die Möglichkeit, die damals vorgebrachten Einwände nochmals heranzuziehen. So könnte der Rückgang auch umgekehrt dazu dienlich sein, Naivität in der Betrachtung der kantischen Argumente abzubauen.

– Schon beim ersten Lesen wird man das enorme argumentative Niveau anerkennen, auf dem im Mittelalter die Argumente ausgetauscht worden sind. Dies gilt insbesondere für den Unendlichkeitsbegriff.

---

[11] cf. die oben (n.1) zitierten Untersuchungen von L. Kreimendahl, p.174 sqq.

Eine stattliche Anzahl der sog. Paradoxien des Unendlichen sind bereits in der Scholastik formuliert und das Problem ist in vielen wesentlichen Aspekten präzise formuliert worden. Wie immer man die einzelnen Argumente der verschiedenen Seiten beurteilen mag, man weiß nach ihrem Durchdenken mehr über den Begriff der Unendlichkeit als vorher.
– Es mag vielleicht eine überraschende These sein, doch gibt es Gründe, folgendermaßen zu urteilen: Entgegen einem verbreiteten Vorurteil fügt die Scholastik in dieser „uralten Frage" des Weltanfangs, wie Albertus Magnus einmal sagt,[12] dem langdauernden „Gedränge von Gründen und Gegengründen"[13] nicht bloß neue Argumente hinzu, sondern gibt diesen eine neue Richtung. Die mittelalterliche Diskussion ist dadurch durchaus mit der kantischen vergleichbar, und zwar insofern, als sich hier fast durchweg eine gegenüber der Antike veränderte Fragestellung in den Vordergrund schiebt: Gerade weil die Behauptung, die Welt habe einen zeitlichen Anfang gehabt in dem Sinne, daß die Zeit selbst wie die sich bewegenden Dinge ebenfalls geschaffen sei, von keinem der mittelalterlichen Scholastiker bestritten worden ist, wird die Frage vordringlich, welchen Status dieser Behauptung denn zukomme. Im Unterschied zur Antike hat sich daher die Frage zu einem erstaunlichen Maße auf die erkenntnistheoretische Ebene verlagert. Anders gesagt: die Mittelalterlichen stritten um die Frage, welchen Status eigentlich die Behauptung, die Welt habe einen zeitlichen Anfang, denn aufweise. Die Verknüpfung von Einzelargumenten mit dem Problem der Wißbarkeit war lockerer und gerade dadurch in gewisser Hinsicht theoretisch stabiler. Damit ist gemeint, daß man zum einen die Stringenz einzelner Argumente pro und contra (mögliche) Ewigkeit der Welt analysiert hat, daß manche – besonders und im lateinischen Westen erstmals Thomas von Aquin[14] – aber noch ganz unabhängig davon überlegt haben, welches die Bedingungen einer rein rationalen Entscheidung sind.

---

[12] De XV problematibus V (ed. Col. XVII/1 p.37): valde antiqua quaestio.
[13] Kant, KrV B 492.
[14] Neuheit der thomasischen Position: ed. Leon. XLIII, p.55a; P. Van Veldhuijsen, The Question on the Possibility of an Eternal Created World: Bonaventura and Thomas Aquinas, in: J.B.M. Wissink (ed.), The Eternity of the World in the Thought of Thomas Aquinas and His Contemporaries, Leiden 1990, 20-38; hier p.23.

Der erste Satz der Bibel lautet: „Im Anfang schuf Gott Himmel und Erde." Muß man diesen Satz glauben oder kann man in die Gültigkeit dieses Satzes eine ausschließlich auf Argumenten beruhende Einsicht gewinnen? Dieses Problem schob sich in der Hochscholastik in den Vordergrund. Duns Scotus hat es genau so gesehen: „Alle Theologen kommen in dem Schlußsatz überein, daß das Nichtsein der Welt dem Sein [der Welt] der Dauer nach vorhergegangen ist. Aber sie befinden sich darüber im Streit, ob jenes nur zu glauben ist oder durch die natürliche Vernunft erklärt werden kann."[15] Wenn dem so wäre, hieße das, daß man denselben Satz sowohl glauben wie auch einsehen kann? Wie wäre dies wiederum zu verstehen? Wenn er aber nicht eingesehen werden kann, was ist dann von den entsprechenden Argumenten des Aristoteles zu halten? Folgt nicht die Ewigkeit der Bewegung unausweichlich aus seinem Begriff der Natur selbst – dem Grundpfeiler seiner ganzen und im Mittelalter faktisch konkurrenzlosen Naturphilosophie? Roger Bacon hat sogar gemeint, eines der frühen Aristoteles-Verbote hinge mit der Lehre von der Ewigkeit der Welt zusammen.[16]

Aus der erkenntnistheoretischen Perspektive betrachtet ergeben sich in diesem berühmten Streit Einstellungen, welche den vielen der gängigen Etikettierungen zuwiderlaufen. Der angebliche Aristoteliker Thomas von Aquin sagt von Beginn an, daß der zeitliche Anfang der Welt nicht bewiesen, sondern nur *sola fide* festgehalten werden kann; derselbe als „Intellektualist" geltende Thomas gibt eine ziemlich „voluntaristisch" anmutende Begründung dafür, daß ein Anfang der Welt aus Gegebenheiten in ihr nicht zu beweisen ist. Umgekehrt streiten diejenigen, die man für eine *analogia fidei* in Anspruch genommen hat, für die strikte Beweisbarkeit des Schöpfungsanfangs. Die Welt für die Schöpfung Gottes zu halten und gleichzeitig zu meinen, sie könnte ohne zeitlichen Anfang sein, scheint Bonaventura purer Nonsens. Immerhin konnte noch Kant formulieren: „wenn die Welt ohne Anfang und also auch ohne Urheber"[17] wäre. In der Frage der Möglichkeit einer ewigen Schöpfung folgen Thomas nicht nur sein wich-

---

[15] Rep. Par.II d.1 q.4 n.3 (ed. Vivès XXII, 539b).
[16] In seinem Compendium studii theologiae von 1292: I, 2 n.14 (ed. H. Rashdall, Aberdeen 1911, p.33) (= ed. Th.S. Maloney, Leiden 1988, p.46).
[17] KrV B 496.

tigster innerdominikanische Gegner in Deutschland von hohen spekulativen und polemischen Graden, Dietrich von Freiberg[18], sondern sogar viele der Nominalisten wie Wilhelm Ockham[19], die doch bei vielen theologischen Fragen in Thomas einen Replatonisierer der Theologie gesehen haben,[20] etc. etc.

Wenn Thomas die Ewigkeit der Welt mit ihrem Geschaffensein für vereinbar hielt, so könnte man sagen, die Gegenseite könnte doch damit zufrieden sein. Er leugnet ja nicht das Geschaffensein, was ja das gemeinsame Anliegen beider Seiten ist, nur hält er mehr damit für vereinbar. Zudem ist selbstverständlich auch für Thomas die Welt nicht von Ewigkeit her, nur lasse sich dies nicht rational beweisen. Also doch eine rein theoretische Quisquilie? Oder gar bloß ein Anlaß, die Konkurrenz der Orden auszutragen und sich dabei zu profilieren?

Man muß sich vor solchen Suggestionen hüten. Es geht natürlich nicht zuletzt um das Verhältnis zu Aristoteles. Hat er aus seiner methodischen Perspektive vielleicht recht, wenn auch das Ergebnis nicht der Wahrheit entspricht? Oder ist es die vorgeschobenste Position, an der der widerchristliche Charakter dieser heidnischen Philosophie besonders eindrücklich wird? Mit solchen Fragen läßt sich vielleicht andeuten, was hierbei alles eine Rolle gespielt hat.

Die Situation läßt sich ganz gut illustrieren, wenn wir uns kurz einem Text von Robert Grosseteste zuwenden. Dieser Bischof (von Lincoln) war im Mittelalter einer der bedeutendsten Übersetzer philosophischer Texte; insbesondere hat er die erste vollständige Übersetzung (oder doch die vollständige Revision einer älteren Übersetzung) der *Nikomachischen Ethik* erstellt (1246/47 abgeschlossen). Unter seinem reichhaltigen Schrifttum gibt es auch ein sog. „Hexaëmeron" (Oxford 1235), eine Auslegung des Sechstagewerkes, also des Schöpfungsberichtes im ersten Kapitel der Genesis. Gegen diejenigen, die versucht haben, Aristoteles nicht mit der Ewigkeitsthese zu belasten, sagt Grosseteste:

„Dies führen wir an gegen einige Zeitgenossen, die versuchen gegen Aristoteles selbst wie seine Ausleger und zugleich gegen seine

---

[18] De intellectu et intelligibili, II, 28-30 (Opera omnia I, 167-169); übersetzt von B. Mojsisch, Dietrich von Freiberg, Abhandlung über den Intellekt und den Erkenntnisinhalt, Hamburg 1980 (PhB 322), p.47-52.
[19] Qu. var. III (OTh VIII p.59-97); Qdl.2, 5 (OTh IX p.128-135).
[20] cf. R. Schönberger, Was ist Scholastik?, Hildesheim 1991, p.92-94.

heiligen Kommentatoren, aus dem Heiden Aristoteles einen Katholiken zu machen; in wunderlicher Blindheit und Anmaßung glauben sie, sie könnten Aristoteles klarer verstehen und zutreffender auslegen – und dies auf der Basis verdorbener lateinischer Übersetzungen – als sowohl die heidnischen wie die katholischen Philosophen, welche dessen unverdorbenen ursprünglichen griechischen Text vollständig gekannt haben. Sie mögen sich nicht täuschen und vergeblich ihren Schweiß vergießen, um aus Aristoteles einen Katholiken zu machen, damit sie nicht sinnlos ihre Zeit und ihre geistigen Kräfte vergeuden und dann aus Aristoteles einen Katholiken machen und aus sich selbst Häretiker."[21]

Der Glaube vom zeitlichen Anfang der Welt hatte zudem ja keine abstrakte Größe zum Inhalt, denn dieser Anfang lag nicht in unvordenklicher Vorzeit, sondern in berechenbarer Vergangenheit; die Welt, sagt Augustinus, sei „noch nicht ganz sechstausend Jahre" alt.[22] Man denke auch daran, daß etwa das Judentum seit dem 10. Jahrhundert seinen Kalender mit der Weltschöpfung, also 3716 v. Chr., beginnen läßt.

Schon innerhalb des mittelalterlichen Judentums sowie des mittelalterlichen Islam kommt es zu ähnlichen Prozessen – mit analogen Problemen. Aufgrund der geographischen und politischen Voraussetzungen geschieht die Auseinandersetzung des lateinisch-christlichen Westens mit dem Aristotelismus durchaus im Wissen um die voraufgegangenen Konfrontationen. Während die arabische Adaption innerhalb dieser Kultur nur ein Intermezzo war, dauerte die Auseinandersetzung in Europa fast ein halbes Jahrhundert. Es ist sogar so, daß eine eigentliche Rezeption dieser Konfrontation nur hier geschah. Averroismus gab es nur im christlichen Kulturraum; man stelle sich außerdem vor, daß Avicenna (Ibn Sina), ein aus Persien stammender Philosoph und Arzt, im lateinischen Westen neben Aristoteles und Augustinus zu den wichtigsten Autoren gehörte! Daraus läßt sich im übrigen ersehen, daß zu den Bedingungen des mittelalterlichen Den-

---

[21] Hexaëm.VIII, 4; ed. R.C. Dales – S. Gieben, Oxford 1982, p.61 (Auctores Britannici Medii Aevi, Bd.VI).
[22] De civ. Dei XII, 11: (CCSL XLVIII p.365); Meister Eckhart, Pred.30 (DW II p.96): „Allez, daz got geschuof vor sehs tûsent jâren, dô er die werlt machete, ..."; Pred.10 (DW I p.166).

kens nicht bloß das Christentum gehörte, sondern eine kulturübergreifende Rezeption, welche eine Konfrontation sowohl mit konkurrierenden Religionen (nämlich Judentum und Islam) wie mit säkularisierenden Tendenzen erbrachte.

III.

Das Gewicht der aristotelischen Theorie liegt nicht so sehr darin, daß – wie oben schon gesagt – die Scholastik des 13. Jahrhunderts ganz darauf konzentriert war, sondern vielmehr auf dem eigenen Anspruch des Aristoteles, nur unter Voraussetzung einer ewigen Bewegung könne die Naturphilosophie von irrationalen Resten gereinigt werden. Nun ist Natur wesentlich bestimmt durch Bewegung. Die Frage einer ewigen Bewegung betrifft also den Grundcharakter der Natur selbst. Dies war zwar keine neue Ansicht, doch hat Aristoteles zum ersten Mal so etwas wie eine definitorische Bestimmung der Bewegung vorgelegt. Sie besagt in aller Kürze, daß zwei Momente, ein Wirkendes und ein Leidendes, zusammenkommen müssen. Diese Dualität bezieht sich aber nicht allein auf die Verschiedenheit der wirkenden Instanz von der diese Wirkung erfahrenden Instanz, sondern auch darauf, daß Tätigsein und Erleiden ein jeweiliges Vermögen voraussetzen. Daß der Vorgang des Brennens stattfindet, setzt beim Wirkenden voraus, überhaupt brennen zu können, und setzt beim Erleidenden voraus, überhaupt brennbar zu sein. Bewegung ist daher nichts anderes als die Realisierung dieser beiden, von Aristoteles aktiv und passiv genannten, Möglichkeiten. Ist eine der beiden Möglichkeiten blockiert oder realisiert, hört die Bewegung auf.

Dies bildet das Fundament für die aristotelische Theorie, daß Bewegung nicht selbst noch entstanden sei. Würde man dies annehmen, dann hieße dies, daß Möglichkeiten immer schon sind, ohne realisiert zu werden; dann aber wäre ihr plötzliches Realisiertwerden gänzlich irrational. Oder aber die Möglichkeit hat sich erst ergeben, dann aber ist dies gleichbedeutend damit, daß eine andere Bewegung diese Möglichkeit erbracht hat. Mit anderen Worten: Die angesetzte erste Bewegung kann also nicht die erste gewesen sein.

Bei aller Verschiedenheit der philosophischen Intentionen und der theoretischen Voraussetzungen: Die strukturelle Nähe des aristoteli-

schen Argumentes zum Antithesis-Argument bei Kant springt förmlich in die Augen. Wenn man in dem Argument Bewegung durch den Begriff der Zeit ersetzt, sind wir beim kantischen Antithesis-Argument. In beiden Fällen wird apagogisch argumentiert, d.h. das Gegenteil des Beweiszieles angenommen. In beiden Fällen wird dieser Anfang so auf ein Vorher bezogen, daß das Anfangen zu einem ir-rationalen, d.h. grundlosen Ereignis wird, oder aber aufgegeben werden muß.

Aristoteles bringt noch ein zweites Argument. Es basiert auf dem Begriff der Zeit. Wenn man zwei Phasen in der Geschichte des Kosmos unterscheidet, eine Phase der Ruhe und eine Phase der Bewegung, so scheint doch trotz dieser Unterscheidung, oder vielmehr sogar wegen dieser Unterscheidung, Zeit immer gewesen zu sein. Andererseits setzt doch Zeit Bewegung voraus, denn sie ist selbst nichts anderes als das Maß der Bewegung. Man kann also einen Anfang der Zeit nicht denken; und wenn der Zusammenhang von Zeit und Bewegung zutreffend bestimmt ist, so folgt daraus, daß Bewegung, und also Natur immer war.

Dieses Argument hat zunächst einen eher vorläufigen Charakter. Immerhin sieht sich Aristoteles in Übereinstimmung mit allen Naturphilosophen, selbst dem stets kritisierten Atomisten Demokrit. Aristoteles nennt nur eine einzige Ausnahme: Platon. Da Platon die Zeit an die Bewegung des Himmels bindet, dieser aber entstanden sei, ist auch die Zeit entstanden.[23]

Erst gegen diesen Ansatz, in dem Welt und Zeit zugleich ins Dasein treten, und der später bei Philon von Alexandrien[24], in der christlichen Tradition der Patristik[25] und des Mittelalters[26], aber auch noch bei Leibniz[27] seine Fortsetzung gefunden hat, führt Aristoteles sein eigentliches Argument vor: Zeit ist ohne das Jetzt weder seiend noch denkbar. Das Jetzt ist jedoch sowohl ein mögliches Ende wie ein

---

[23] Phys.VIII, 1; 251b17-19; gemeint ist der berühmt gewordene Satz in Tim.38b: χρόνος δ'οὖν μετ' οὐρανοῦ γέγονεν.
[24] De opificio mundi 7, 26.
[25] Etwa Augustinus, De Gen. c. Manich.I 2, 4 (PL 34, 175): fabricator temporum; de civ. Dei XI, 6 (CCSL 48 p.326).
[26] Thomas von Aquin, ScG II, 35 (1116): Deus autem simul in esse produxit et creaturam et tempus.
[27] 3. Brief an Clarke, § 6 (GPh VII p.364); 5. Brief, § 49 (GPh VII p.402 sq.).

möglicher Anfang. Dies soll nicht heißen, ein Zeitpunkt sei entweder das eine oder andere, sondern gerade umgekehrt: Er ist beides zugleich. Das heißt: Jeder Zeitpunkt hat sowohl einen Vorgänger wie einen Nachfolger. Wenn also die Jetzt-Struktur der Zeit einen Anfang der Zeit, der ja als ein Jetzt ohne den für es konstitutiven Vorgänger gedacht werden müßte, ausschließt, dann ist auch die Bewegung ewig, und damit auch der Kosmos. Der zeitliche Begriff des „Anfangs" läßt sich nicht selbst noch einmal auf die Zeit anwenden. Wenn man es tut, ergeben sich Paradoxien, die entweder den Gedanken aufheben – oder ihn als ganzen zu einem spekulativen Zweck funktionalisieren.[28]

Aristoteles sieht sich im großen und ganzen in Übereinstimmung mit der philosophischen Tradition der Griechen. Er wendet sich allerdings gegen Positionen wie des Anaxagoras, des Empedokles und Platons, welche die Prinzipien der Naturphilosophie nicht auch auf das Problem des Anfangs anwenden wollen.

Wir können und brauchen hier nicht die Diskussionsgeschichte dieses Problems zusammenzufassen,[29] sondern setzen dort ein, wo die aristotelische Theorie wieder zur Diskussion steht.

IV.

Thomas von Aquin gilt als der große Rezeptor des Aristotelismus. Eine der Kernfragen in dem Verhältnis von Christentum und antiker Philosophie war natürlich, wie sich die aristotelische Ewigkeitsthese zum Glauben an das Geschaffensein der Welt verhält. Dies war solange nicht sonderlich problematisch, als die Adaption des Aristotelismus noch relativ äußerlich und die Zustimmung zu seinen Theorien ohnehin ganz selektiv war. Selbst im besonders philosophie- und aristoteles-freundlichen Orden der Dominikaner war bis zu Thomas die

---

[28] J. König, Der Begriff der Intuition, Halle 1926 (= Tübingen 1981), p.17: „Jeder ‚echten' Korrelativität fehlt der Anfang. Deshalb können wir z.B. auch keinen Anfang der Zeit denken oder, mit Anknüpfung an das Gesagte, keinen Zeitpunkt, der nicht schon diese Korrelativität, die sich hier als die des ‚vorher und nachher' darstellt, enthielte."

[29] Vgl. dazu den materialreichen Artikel von W. Schwabl, Weltschöpfung, in: RE suppl. IX, 1962, col.1433-1582.

These vertreten worden, daß sich der zeitliche Anfang der Welt vernünftig beweisen lasse.[30] Dazu gehört selbst Albertus Magnus, zumindest was seine theologischen Werke angeht. Gerade in seinem Physik-Kommentar macht Albert allerdings die Bemerkung, daß die Beweisgründe des Aristoteles nicht über jeden Zweifel erhaben seien. Aber erst Thomas von Aquin geht den unerwarteten und zunächst völlig singulär bleibenden Schritt, Schöpfung als etwas zu denken, das Ewigkeit nicht ausschließt. Wenn es aber keinen begrifflichen Widerspruch zwischen beiden Bestimmungen gibt, dann hat die Vernunft keine Möglichkeit, einen Anfang der Welt in der Zeit zu demonstrieren. Der Grund für die Anerkennung dieser Behauptung liegt also nicht in der Vernunft, sondern im Glauben an die Offenbarung. Es ist dabei bemerkenswert, daß Thomas schon in seiner Sentenzenlesung, die er von 1252-1256 in Paris gehalten hat, diese Lehrmeinung vertritt, und sie auch später nicht mehr aufgegeben hat.

Bei Thomas lassen sich die grundsätzlichen Erwägungen zum Status der hier möglichen Problemlösung besonders leicht trennen vom Pro und Contra der einzelnen Argumente. Daß die Vernunft diese Frage nicht entscheiden kann, dafür gibt Thomas zwei Gründe, einen eher philosophischen und einen eher theologischen. Ersterer geht aus vom Zentrum eines wissenschaftlichen Beweises. Kern eines wissenschaftlichen Beweises im strengen Sinne ist der Wesensbegriff einer Sache. Für einen solchen ist es konstitutiv, vom Hier und Jetzt zu abstrahieren. Räumliche und zeitliche Bestimmungen sind einer Sache akzidentell. Wenn dem aber so ist, dann lassen sich diese auch nicht deduzieren.[31]

Die biblische Lehre von der Schöpfung befindet sich von vornherein auf einer anderen Ebene als diejenigen Alternativen, mit denen Aristoteles sich auseinandersetzt. In seinem Physik-Kommentar weist Thomas ausdrücklich darauf hin, daß auch Anaxagoras nicht etwas denkt, dem die Schöpfungslehre entspreche.[32] Schöpfung besagt, daß die Natur nicht selbst einen natürlichen Ursprung habe, sondern einen

---

[30] Belege aus früheren Schriften – neben Bonaventura auch die Summa fratris Alexandris, I n.64; ed. Quaracchi 1924 p.95; auch der Dominikaner Richard Fishacre, der erste Sentenzen-Kommentator in Oxford – finden sich in der Einleitung zur ed. Leon. XLIII, p.55 n.3.
[31] Sum. theol.I, 46, 2.
[32] In Phys.VIII, 3 (993).

freien, d.h. im göttlichen Willen liegenden. Gewiß, für sich genommen läge darin noch keine definitive Grenze für eine philosophische Bemühung. Dies gilt zumal für die thomasische Willenslehre. Es gibt nach Thomas auch im Willen Strukturen der Notwendigkeit: Einmal in dem Sinne, daß der Wille als Wille – mit der Notwendigkeit seines Wesens mithin – etwas will; zum anderen als bedingte Notwendigkeit, mit welcher etwas als Mittel gewollt werden muß, nämlich insofern es Mittel für einen bestimmten Zweck sind. Nun kann nach Thomas die Philosophie noch ausmachen, daß der göttliche Wille mit Notwendigkeit auf sich selbst, auf das göttliche Wesen bezogen ist. Die Kreatur ist jedoch weder eine primäre Willensbestimmung in Gott noch als deren Mittel in ihr eingeschlossen. Wenn aber die Schöpfung als solche schlechterdings kontingent ist, dann *a fortiori* auch ihre Zeitlichkeit. Wir können also sogar philosophisch noch einsehen, warum wir die Anfangshaftigkeit der Welt nicht einsehen können. Die Wahrheit über diesen Sachverhalt zu wissen, kann daher nur Sache der Offenbarung und des Glaubens (*sola fide*) sein. Thomas sieht darin im übrigen keinen Nachteil. Dazu könnte es allerdings einer Theologie gereichen, die ungeachtet der Erkenntnisgrenzen der Vernunft scheinbar rationale Gründe aufbietet. Wird der Glaube mit solchen in Verbindung gebracht, dann ist mit dem Durchschauen der Sophistik in solchen Argumenten auch der Glaube selbst betroffen.[33]

Bevor wir uns den thomasischen Einwänden gegen die Stichhaltigkeit der Argumente für einen notwendigen Schöpfungsanfang zuwenden, scheint es ratsam, sie gleich dort aufzusuchen, wo sie mit allem Nachdruck vorgetragen werden: nämlich bei Bonaventura. Dieser hat seine Sentenzenlesung von 1250-1255 gehalten, also geringfügig früher als Thomas, so daß dieser sie bereits benutzen bzw. kritisieren konnte. Wie bekannt, hatte Bonaventura den Anfang der Schöpfung für beweisbar gehalten. Man darf nicht übersehen, wogegen sich Bonaventura eigentlich wendet. Er sagt, die Welt für ewig zu halten und gleichzeitig die These zu vertreten, alle Dinge seien aus Nichts geschaffen, sei in seinem ersten Teil nicht bloß falsch, sondern in seiner Kombination so offenkundig absurd, daß er, Bonaventura, sich keinen Philosophen mit noch so schlichtem Gemüt denken kann, der beides

---

[33] Sum. theol.I, 46, 2; cf. 19, 5 ad 3; De pot.3, 17.

vertreten habe. Ewigkeit der Welt und Schöpfung aus dem Nichts enthalte einen „offenkundigen Widerspruch."[34] Wenn man allerdings die Voraussetzung einer *creatio ex nihilo* nicht teilt, dann ist die Setzung einer ewigen Welt immerhin konsequent, „vernünftiger" als eine zeitliche Schöpfung. Die Welt gehört dann ebenso unmittelbar zu Gott wie das Licht zum Schatten oder wie der Sohn zum Vater. Die Ewigkeitsthese ist zwar ein Irrtum, doch von bestimmten Voraussetzungen aus immerhin konsequent. Daß Aristoteles die Ewigkeit der Welt vertreten habe, bezeugen die Kirchenväter, seine Ausleger (Averroes), nicht zuletzt seine Texte selbst.[35] Einige Zeitgenossen (moderni) haben jedoch diese Auslegung bezweifelt und den Sinn der aristotelischen Theorie darin gesehen, daß lediglich der Beginn der Welt nicht durch eine natürliche Bewegung initiiert wird.[36] Bonaventura bekennt, nicht zu wissen, welche Auslegung die adäquate sei; dies ist nicht als peinliches Eingeständnis gemeint, sondern ein Verweis in die Bedeutungslosigkeit. Das Hauptgewicht liegt denn auch auf den Argumenten, die Bonaventura den aristotelischen entgegenstellt und von welchen er sagt, sie gründeten in selbstevidenten Prinzipien.

Aber auch er trägt zunächst ein grundsätzliches Argument vor. Das Wort „Schöpfung" ist die Abkürzung für den Ausdruck „Schöpfung aus nichts".[37] Bonaventura fragt: Was besagt dieses „aus" (ex)? Es scheint nur zwei Auslegungen zuzulassen: Entweder meint es eine Materie, einen Stoff, aus dem etwas geschaffen wird; eine Statue etwa wird aus Bronze geschaffen. Diesen Sinn kann dies „aus" hier nicht

---

[34] Sent.II p.1 a.1 q.2 (II, 22b): Hoc enim implicat in se manifestam contradictionem; cf. Coll. in Hexaëm., ed. F. Delorme, Quaracchi-Firenze 1934, p.55.

[35] Dieselben drei Bezeugungen nennt Bonaventura auch noch im späten Hexaëm.6, 4 (V col.361a).

[36] Philipp der Kanzler, Summa de bono, I q.3 (ed. N. Wicki, Bern 1985, p.49); auch Albertus Magnus sagt in seinem Sentenzenkommentar von ca. 1243-1245, es sei unmöglich, daß die Welt durch Bewegung und Entstehen ihren Anfang genommen habe – et hoc solum probant illae rationes, quae sunt Aristotelis; unde illae nihil contra fidem concludunt: Sent.II d.1 a.10 (ed. Borgnet XXVII, 29a); Alexander von Hales etwa hatte Aristoteles davon ausgenommen: cf. R.C. Dales, Medieval Discussions of the Eternity of the World, Leiden 1990, p.68 sq.

[37] Zur Herkunft dieser Formel: cf. die einschlägigen Aufsätze bei H. A. Wolfson, Studies in the History of Philosophy and Religion, ed. I. Twersky and G.H. Williams, Cambridge 1979, I p.199-233.

haben, denn es ist ja eine nähere Bestimmung des Nichts, durch welches gerade eine vorliegende Materie abgewiesen werden soll. Für die christliche Tradition ist kreativ im strengen Sinne nur das, was ohne Materie tätig werden kann bzw. dessen Tätigkeit auch noch die Materie entstammt. Daher bleibt nur die andere Möglichkeit, das „aus" als Ausgangspunkt eines Wirkens zu verstehen. Es ist „das Anfangsglied für eine Beziehung Früher und Später"[38]; dies schließt ein: Das Nichtsein der Welt geht dem Dasein vorher. Es ist offenkundig, daß eine solche Auslegung der Schöpfungsformel die Möglichkeit einer ewigen Schöpfung nicht nur logisch ausschließt, sondern als völlig widersinnig erscheinen lassen muß.

Aber ungeachtet dieser theologischen Semantik bringt Bonaventura auch eine Reihe von Einzelargumenten. Sie sind z.T. indirekte Beweise, aber alle haben zum Beweisnerv die Unmöglichkeit eines geschaffenen Unendlichen. Das Bemerkenswerte an ihnen ist, daß Bonaventura dabei ständig aristotelische Bestimmungen des Unendlichen heranzieht. Bonaventura argumentiert mit Aristoteles gegen Aristoteles.[39] Greifen wir einige Argumente heraus:

1. Ist die Welt ohne Anfang, dann heißt dies, sie ist zeitlich unendlich. Der Begriff „unendlich" impliziert jedoch – wie Aristoteles selbst sagt[40] –, daß ihm nichts hinzugefügt, er nicht überboten werden kann. Genau dies geschieht täglich. An jedem neuen Tag vollzieht sich ein neuer Umlauf der Sonne, der zu den vergangenen hinzugefügt wird. Wenn er faktisch hinzugefügt wird, dann kann dasjenige, dem er hinzugefügt wird, nicht unendlich sein. Zudem entsprechen jedem Sonnenumlauf 12 Mondumläufe. Unterstellte man unendlich viele Sonnenumläufe, müßte man ebenfalls unendlich viele Mondumläufe postulieren, aber eben „mehr" unendlich viele. Wie immer man auch imstande sein könnte, diesen – wie es ohne Infinitesimalrechnung aussieht – Nonsens zu formulieren, es ist offenkundig, daß darin eine Unendlichkeit durch eine andere überboten würde – was wiederum gegen die Prämisse verstößt. Das Unendliche läßt als solches keine quantitative Differenzierung zu; daher muß der Grundsatz gelten: unendlich ist gleich unendlich.

---

[38] Ét. Gilson, Der Heilige Bonaventura, Hellerau 1929, p.268 (La philosophie de Saint Bonaventure, Paris ³1953, p.155).
[39] ib.
[40] De caelo I, 12.

2. Das Unendliche schließt eine Ordnung, eine Reihung aus. Wie nämlich wiederum Aristoteles zu Recht (!) sagt,[41] hat das Unendliche kein Erstes; es wäre dann hinsichtlich dessen nicht unendlich, sondern endlich. Eine Ordnung, eine Reihung hingegen impliziert notwendig ein Erstes, durch welches weitere Elemente innerhalb der Reihe definiert werden können: als zweites, drittes Element etc. Wenn man also dem heutigen Tag überhaupt einen bestimmten Ort in der Reihe der Sonnenumläufe zuschreiben kann (selbst wenn wir nicht sicher wüßten welchen), so muß es einen ersten Umlauf gegeben haben.[42]

3. Wenn Bonaventura auch Aristoteles fast nirgends ausdrücklich im Text nennt, so sind doch die Zitate (*auctoritates*), die jeweils eine Prämisse der Argumente bilden, ganz offenkundig aristotelischer Herkunft. So auch hier der Satz: „Es ist unmöglich, das Unendliche zu durchlaufen."[43] Daraus macht Bonaventura ein besonders lapidares Argument. Hätte es tatsächlich unendliche viele Sonnenumläufe gegeben, dann wäre es niemals zum heutigen Sonnenumlauf gekommen. Wenn das Durchlaufen von unendlich vielen Stationen nicht zu einem Ende kommen kann, der Sonnenumlauf des heutigen Tages aber ein Faktum ist, dann können diesem nicht unendlich viele voraufgegangen sein. Dies enspricht übrigens ziemlich genau dem zu Beginn zitierten kantischen Argument: „Nun besteht aber eben darin die Unendlichkeit einer Reihe, daß sie durch sukzessive Synthesis niemals vollendet sein kann. Also ist eine unendliche verflossene Weltreihe unmöglich."[44] Allerdings greift Bonventura sogleich auch zwei Einwände auf:

a) Die Unendlichkeit der Sonnenumläufe kann tatsächlich nicht als „durchlaufen" bezeichnet werden, da es eben keinen ersten Umlauf gab. Die Rede vom Durchlaufensein, in welchem ein Erstes angesetzt werden muß, unterstellt also bereits das, was erst zu beweisen war, nämlich einen ersten Anfang. Ein klassischer Fall einer *petitio*

---

[41] Phys.VIII, 4; 256a18-19.
[42] Ich übergehe hier Bonaventuras Argument, wiederum mit dem aristotelischen Kausalitätsbegriff, der ein Erstes einschließt, gegen dessen These, die Arten des Lebendigen seien ewig, einen Einwand zu machen.
[43] Anal. post.I, 3; 72b10-11; I, 22; 82b38-39; De caelo I, 4; 272a3.
[44] KrV B 454.

principii also! Thomas hat dieses Argument tatsächlich vorgebracht, aber nicht für durchschlagend erachtet.[45]

b) Man kann aber auch die Prämisse selbst bestreiten: Auch eine unendliche Zahl von Sonnenumläufen ist zu durchlaufen, wenn man nur unendliche Zeit annimmt; dies tut aber gerade die Ewigkeitsthese, so daß ihr keine Inkonsistenz vorgeworfen werden kann. Auch dies ist wiederum ein Thomas-Argument.[46]

Bonaventura begegnet beiden Einwänden mit einem dialektisch gebauten Argument: Betrachten wir das Verhältnis irgendeines vergangenen Sonnenumlaufs zum heutigen. Es gibt zwei und nur zwei Möglichkeiten: Entweder die Distanz ist unendlich oder nicht. Wenn sie nicht unendlich ist, dann sind es auch alle anderen Verhältnisse nicht; also gibt es einen ersten Umlauf. Im ersten Fall einer unendlichen Distanz ist die Frage, ob der auf jenen unendlich entfernten Sonnenumlauf unmittelbar folgende ebenfalls unendlich entfernt ist. Da dies offenkundig nicht möglich sein kann, gibt es nur endliche Distanzen zwischen den Umläufen. Diese schließen aber einen ersten Umlauf ein.

4. (arg. 5) Aristoteles: Es ist unmöglich, daß Unendliches zugleich sein kann.[47] Aristoteles hat in seiner berühmt gewordenen Lehre vom Kontinuum gezeigt, daß etwa Linien nicht *wirklich* aus unendlich vielen Punkten bestehen – wie es die zenonischen Paradoxien unterstellen –, sondern nur unendlich oft *geteilt werden können*. Bonaventura fügt dem noch eine zweite Prämisse hinzu: Wenn der Mensch alles als Mittel benützen kann,[48] dann ist die Welt niemals ohne Menschen gewesen. Das heißt nicht nur, daß es unendlich viele Menschen gegeben hat, sondern daß es – unter Voraussetzung der Unsterblichkeit der Vernunftseele – aktuell unendlich viele Seelen zugleich geben muß. Man kann also nicht die Möglichkeit einer aktualen Unendlichkeit – außer der Gottes – leugnen und zugleich die Ewigkeit der Welt lehren.

5. Ein letztes Argument wird ohne aristotelische Prämissen vorgebracht. Wenn man von etwas sagt, es habe Sein nach Nicht-sein (*esse*

---

45 Sent.II d.1 q.1 a.5 ad 3 in contr.
46 Sent.II d.1 q.1 a.5 ad 3 in contr.; ScG II, 38 (1145).
47 Phys.III, 5.
48 Phys.II, 2; 194a35; cf. Pol.I, 8; 1256b22.

post non-esse),⁴⁹ dann kann es nicht gleichwohl als ewig gedacht werden. Von dieser Verfaßtheit ist nun aber die Welt, und zwar aus folgendem Grund: Im Gedanken vollständiger Abhängigkeit, also abhängig nicht nur hinsichtlich dessen, daß es ist, sondern auch hinsichtlich dessen, wie es ist, wird eine Hervorbringung gedacht, die absolut voraussetzungslos ist – ansonsten wäre eben die Abhängigkeit keine wirklich vollständige. Dies ist eine unter christlichen Theologen unstrittige Auslegung des Schöpfungsbegriffs als *creatio ex nihilo*. Daraus folgert nun aber Bonaventura, daß ein solchermaßen vollständig Abhängiges sein Sein nicht je schon haben kann. Es wird nicht ganz klar, warum genau dies folgt. Vermutlich meint Bonaventura, daß ein ewig Seiendes nicht vollständig abhängig wäre. Aber warum nicht?

Daß das Verhältnis *esse post non-esse* Ewigkeit ausschließt, ist offenkundig, denn diese schließt eine Relation des nachher (post) strikt aus – wenn es auch eine spekulative Tradition gibt, in welcher der Sinn des post als ein unzeitlicher Sinn verstanden wird. Wird nämlich auch die Zeit selbst geschaffen, dann kann ihr Anfang nicht in einer zeitlichen Relation zu einem voraufgehenden Zustand gedacht werden. Denker wie Meister Eckhart⁵⁰ oder Nikolaus Cusanus⁵¹ haben

---

49 cf. Brevil.II, 1 (V, 219b): productio ex nihilo ponit esse post non-esse ex parte producti; übrigens ein Ausdruck Avicennas, Met.VI, 2 (Van Riet, Louvain-Leiden 1980, p.304); ein im Mittelalter als augustinisch geltender, in diesem Zusammenhang viel zitierter Text geht ebenfalls in diese Richtung: cf. Ps-Augustinus (= Vigilius von Thapsus?), De unitate Trinitatis contra Felicianum arianum, c.7 (PL 42, 1162); auch Anselms Auslegung der Formel hatte diesen Sinn, Monol.8 (I p.23): quae prius nihil erant, nunc sunt aliquid. cf. Wilhelm von Auvergne, De universo I, 23 (Paris 1674 I 618 F); De trin.10 (ed. B. Switalski, Toronto 1976, p.66 sqq.).
50 Gen.I n.7 (LW I p.190 sq.); Bulle Johannes XXII. „In agro dominico" vom 27.3.1329 lautet der erste Satz: „Einst befragt, warum Gott die Welt nicht früher erschaffen habe, gab er damals, wie auch jetzt noch, die Antwort, daß Gott nicht eher die Welt habe erschaffen können, weil nichts wirken kann, bevor es ist. Darum: sobald Gott war, hat er auch die Welt erschaffen." übers. von J. Quint, Meister Eckehart. Deutsche Predigten und Traktate, München ⁵1978, p.450; Originaltext bei H. Denifle, Acten zum Processe Meister Eckeharts, in: Archiv für Literatur- und Kirchengeschichte des Mittelalters 2 (1886), p.637.
51 De ludo globi I (Werke, ed. P. Wilpert, Berlin 1967, II p.581).

denn tatsächlich in einer nicht aristotelischen Weise gesagt, die Welt könne ewig genannt werden.

Wir müssen die Frage nochmals wiederholen, um genau den Punkt auszumachen, an dem es sich zeigt, daß Schöpfung Anfang einschließt. Denn genau dies wird ja von ganz verschiedener Seite später bestritten: Thomas, Duns Scotus, Ockham. Man kann aus der Perspektive Bonaventuras vielleicht zwei Aspekte nennen: Im Begriff einer ewigen Schöpfung liegt wohl deswegen ein Widerspruch, weil die Schöpfung insgesamt darin ihrem Ursprung nicht nur ähnlich würde, sondern gleichkäme.[52] Auch Gott hat keinen Anfang; dies gilt dann zwar nicht für irgendein Ding in der Welt – diese entstehen und vergehen –, aber nicht für die Welt insgesamt. Und zum anderen: Wenn man diese Welt denkt, aber einmal unter dem Merkmal, daß sie einen Anfang hat, dann aber, daß sie ohne Anfang ist, dann liegt für Bonaventura in ersterer eine größere Abhängigkeit. Soll jedoch im Schöpfungsbegriff eine vollständige Abhängigkeit liegen, dann würde sie im Gedanken einer anfangslosen Welt unterboten. In diesem Sinne ist der Widerspruch auch später interpretiert worden.

V.

Thomas von Aquin hält nun ebensowenig wie jene diese Argumente Bonaventuras (und einige weitere) für einen Weltanfang für stringent, wenn er auch immerhin diesen eine gewisse Wahrscheinlichkeit [53] konzediert. Beschränken wir uns auf diejenigen Argumente, für die eine so prominente Gegenseite die größte Überzeugungskraft beansprucht hat.

Mit dem Begriff des „Durchschreitens" ist das Unendlichkeitsproblem nicht zu fassen. „Durchschreiten" setzt zwei Grenzpunkte voraus, zwischen welchen es sich vollzieht. Wenn man also überhaupt von Grenzpunkten reden will, setzt man schon darin eine endliche Di-

---

[52] cf. Augustinus, De civ. Dei XII, 16 (CCSL 48 p.370); ebenso Robert Grosseteste in seinem Commentarius in VIII libros Physicorum Aristotelis, l.8, ed. R.C. Dales, Boulder 1963, p.147; Thomas referiert das Argument in dieser Weise: Sum. theol.I, 46, 2 arg. 5; Boethius, De aeternitate mundi, arg. 2 (336).

[53] ScG II, 38 (1142).

stanz, die also auch zu durchschreiten ist. Das Argument unterstellt dagegen fälschlicherweise eine unendliche Zahl von Punkten zwischen zwei Grenzen – eine implizite und ungewollte Rückkehr zu einem voraristotelischen Atomismus, wo man doch ein aristotelisches Prinzip in Anspruch nehmen wollte.

„Unendlich" läßt sich mit Aristoteles differenzieren. Man kann Unendliches denken, das als solches, d.h. in einem Zeitpunkt wirklich ist (*simul in actu*); man kann aber auch ein solches Unendliches denken, das seine Unendlichkeit nicht zu einem Zeitpunkt, sondern nur in der Sukzession hat. Die Sonnenumläufe sind aber bei einer anfangslosen Welt bloß in einem sukzessiven Sinne unendlich. Eine solche Unendlichkeit hat jedoch immer auch ein Moment der Endlichkeit. Auf diesem basiert nun die thomasische Erwiderung. Jeder der vorangegangenen Sonnenumläufe konnte insofern durchlaufen werden, als er endlich ist. Bei einer ewigen Welt wäre im Hinblick auf alle Umläufe zugleich eben kein erster Umlauf anzusetzen. Thomas sieht in jenem Argument also tatsächlich eine *petitio principii*.

Denselben Endlichkeitsaspekt eines bloß sukzessiv Unendlichen macht sich Thomas auch zunutze, um eine mögliche Hinzufügung, welche mit jedem Sonnenumlauf geschieht, denkbar zu machen. Die Zeit ist nur nach rückwärts (*ex parte ante*) unendlich, nicht jedoch nach vorwärts (*ex parte post*). Die Gegenwart ist nämlich die Grenze der Vergangenheit. Darin, daß die Vergangenheit die Gegenwart zum Endpunkt hat, darin ist sie endlich, und daher einer Hinzufügung fähig.

Hatte Thomas das letzte Argument sogar „schwach"[54] genannt, so ist das Argument, das auf der aktualen Unendlichkeit der Vernunftseelen basiert, „schwieriger".[55] Thomas kritisiert es daher auffälligerweise nur argumentationsstrategisch; es sei zu voraussetzungsreich; es setze schon die Widerlegung der Thesen voraus, die die Sterblichkeit der menschlichen Seele lehren, oder die Unsterblichkeit bloß des einen Intellektes, oder die Metempsychose. Im übrigen gebe es auch die Theorie, nach der es keineswegs völlig sinnwidrig sei, bei solchem, das nicht in einer bestimmten Ordnung steht, ein aktuell Unendliches anzunehmen. Thomas hält es auch nicht für zwingend zu

---

[54] ScG II, 38 (1146).
[55] ScG II, 38 (1148); Sum. theol.I, 46, 2 ad 8; Sent.II d.1, 1, 5 ad 6 in contr.

folgern, eine ewige Welt schließe ein, daß es immer Menschen gegeben habe.[56]

VI. DER AVERROISMUS

Um die Stellung des Averroismus in der Frage des Weltanfangs zu erörtern, wenden wir uns nicht seinem wohl bekanntesten Vertreter, nämlich Siger von Brabant, zu. Er hat zwar ebenfalls eine Abhandlung zum Thema „De aeternitate mundi" geschrieben[57], und eine englische Übersetzungsausgabe[58] bietet neben Bonaventura und Thomas tatsächlich diesen Text. Doch ist dieser Traktat nur einigen Spezialproblemen gewidmet und daher scheint er uns nicht allzu aussagekräftig. Überdies wird die denkerische Statur des Siger immer noch weit überschätzt.[59] Wenden wir uns deshalb besser Boethius von Dacien zu. Über ihn ist ziemlich wenig bekannt: Er war Magister (sprich: Professor) an der Artes-Fakultät; gehörte zu dem Kreis um Siger von Brabant; geriet in Schwierigkeiten im Zuge der Lehrreglementierungen der 1270er Jahre. Er hat zumeist Kommentare zu Aristoteles geschrieben. „De aeternitate mundi" hingegen ist eine selbständige Abhandlung.

Die neue Problemlage ist ziemlich brisant: Die in der Artes-Fakultät institutionalisierte Zuwendung zu Aristoteles, dessen Abhandlungen die dort verwendeten Lehr-, vielmehr sogar Unterrichtsbücher bildeten, mußte ja auch eine inhaltliche Zustimmung einschließen. Im Kontext eines mittelalterlichen Verständnisses von *auctoritas*, bei dem eine Wahrheitsvermutung konstitutiv ist,[60] verbieten sich alle inzwischen völlig selbstverständlich gewordenen Alternativen. Wie

---

56 Sum. theol.I, 46, 2 ad 8; De aeternitate mundi [DAM] 89, 301-306.
57 Siger von Brabant, De aeternitate mundi, cap.1-2, ed. B. Bazán, Louvain 1972 (Philosophes médiévaux XIII, p.113-121).
58 St. Thomas Aquinas, Siger of Brabant, St. Bonaventure, On the Eternity of the World (De Aeternitate Mundi), transl. C. Vollert, L.H. Kendzierski, P.M. Byrne, Milwaukee 1964.
59 R.-A. Gauthier, Notes sur Siger de Brabant: I. Siger en 1265, in: Revue des sciences philosophiques et théologiques 67 (1983), 201-232; Notes sur Siger de Brabant: II. Siger en 1272-1275, Aubry de Reims et la scission des Normands, ib. 68 (1984), 3-49.
60 cf. R. Schönberger, Was ist Scholastik?, p.103 sqq.

steht es aber nun bei der Kernfrage der aristotelischen Kosmologie – die in einem offenkundigen Widerspruch zur Lehre des Christentums steht? Es waren zwar wiederum christliche Theologen, welche den abschließenden Charakter der aristotelischen Aussagen in Zweifel gezogen und sich berechtigt geglaubt haben, diese zu relativieren, doch ist dies für die Artes-Lehrer zunächst keine mögliche Position. Denn dagegen steht die überragende Gestalt des Averroes, der allgemein als der Commentator galt, und der in dieser Frage nicht nur ebenfalls die eigentlich aristotelische Theorie vertrat, sondern sie auch bereits gegen schöpfungstheologische Einwände – diesmal nur von Islam-Theologen – ausdrücklich verteidigte. Wie also können Universitätslehrer, die Philosophie und d.h. Aristoteles zu lehren haben, dabei ständig Averroes zu Rate ziehen, und doch das Christentum nicht einfach verwerfen können (ohne aufzuhören, Universitätslehrer zu sein), eine für andere überzeugende Lehrmeinung gewinnen?

Boethius sagt nicht – wie manche Averroismus-Darstellungen suggerieren –, Aristoteles biete die einzige wissenschaftliche Kosmologie, das Christentum hingegen sei noch aufklärungsbedürftig. Er sagt gewiß auch nicht, aus der durch die Offenbarung gewonnenen Einsicht erweise sich jetzt die Lehre des Aristoteles als Irrtum. Es wird beim Studium des Textes ganz deutlich, daß das Hauptgewicht dieser Schrift nicht primär auf dem Austausch und der Bewertung der einzelnen Argumente pro und contra liegt, sondern in erster Linie den damit zusammenhängenden *methodischen* Fragen gewidmet ist. Diese machen zwar quantitativ gesehen den weitaus geringeren Teil der Schrift aus, doch sind hier die Aussagen hervorgehoben programmatisch. Alle als Boethius-Behauptung zitierbaren Texte sind Aussagen zum wissenschaftstheoretischen Status der von den einzelnen Disziplinen entwickelten Argumente. Man darf wohl vermuten, daß die neue Gewichtung der Beweismöglichkeiten und die Reflexion auf die Statusbestimmungen und Wissensansprüche unter dem Eindruck der thomasischen Theorie geschieht. Boethius nimmt allerdings eine radikalere Trennung von Glauben und Wissen vor als Thomas. Glaube ist etwas, wofür es überhaupt keine Gründe gibt; er hält es deshalb für unsinnig, für Glaubensaussagen Gründe suchen zu wollen und nennt es sogar häretisch, den Glaubensakt von plausiblen oder zureichenden

Gründen abhängig machen zu wollen.[61] Wären die anderen Boethius-Texte nicht schon hinreichend, die Theorie der doppelten Wahrheit ihm nicht anzusinnen, so sind hier die Aussagen von aller wünschenswerten Deutlichkeit: Ein Widerspruch von philosophischer Vernunft und religiösem Glauben kann aus prinzipiellen methodischen Gründen nicht auftreten. Die mögliche Konkordanz beider ergibt sich nicht aus einer inhaltlichen Konvergenz, sondern aus der methodischen Disparatheit.

Der Aufbau der Schrift ist folgender:
Einleitung (335-336; Übers. 105/107);
Argumente gegen die Ewigkeit der Welt (336-338;
 Übers. 107-111);
Argumente für die Möglichkeit einer ewigen Welt (339-340;
 Übers. 113/115);
Argumente für die Ewigkeit der Welt (340-347; Übers. 115-127);
Lösung (347-357; Übers. 127-151);
Erwiderung auf die Argumente für die Ewigkeit der Welt
 (357-364; Übers. 151-167);
Schluß (364-366; Übers. 167-171).

Wie man sieht, ist der Aufbau der Schrift von auffälliger Asymmetrie. Nur die Argumente für die Ewigkeit der Welt werden widerlegt, alle anderen Teile bleiben ohne Erwiderung. Dies unterstreicht nochmals den Belang, der den methodologischen Überlegungen in Einleitung, Hauptteil und Schluß gegeben wird.

Boethius geht noch einen Schritt über Thomas hinaus: Nicht allein können in dieser Sache die jeweiligen Gründe nicht zwingend sein, für die religiöse Position kann es gar keine geben. Der Glaube stützt sich auf Wunder, nicht auf Gründe. Er spricht deshalb nicht nur von Nichtwidersprüchlichkeit, sondern sogar von Konkordanz.[62] Dies ist für die franziskanische Partei eine Absurdität, aber auch für Thomas

---

[61] De aeternitate mundi [DAM], p.335; 356; Übers. p.105; 149: Wer nicht an die Möglichkeit, ein Toter könne numerisch identisch wieder lebendig werden, glaubt, ist ein Häretiker, wer aber darein eine Einsicht mit Gründen zu gewinnen sucht, ist „einfältig" (fatuus); cf. Siger von Brabant, Met.III q.15 (ed. A. Maurer, Louvain 110).
[62] Boethius, DAM p.335, l.8. 17; 336, l.23; Übers. p.105; 107.

nicht akzeptabel. Wie bereits gesagt enthält sich Boethius jeder Qualifizierung der Argumente und auch einer abschließenden inhaltlichen Stellungnahme. Nachdem er zunächst die bekannten Argumente für einen zeitlichen Anfang der Welt vorgebracht hat, referiert er Argumente für die Möglichkeit einer ewigen Welt. Bevor er auch Argumente für die Tatsächlichkeit einer ewigen Welt bringt, schließt er jene ab mit der Bemerkung, also scheint nichts rational Unmögliches aus der Annahme einer ewigen Welt zu folgen.[63] Es ist nicht ganz eindeutig, ob dies noch zum Referat gehört oder nun doch Boethius' Stellungnahme bildet. Eine weitere nicht ganz eindeutige Stelle findet sich in dem Zusammenhang eines bekannten Argumentes: Wenn Gott die Welt mit einem zeitlichen Anfang geschaffen hätte, dann müßte man im göttlichen Willen so etwas wie eine Veränderung annehmen: Es entsteht der Wille, die Welt zu erschaffen; außerhalb der Welt kann es jedoch keine Veränderung geben; diese widerspräche auch dem Begriff der ersten Ursache als einem schlechthin Unveränderlichen. Auf dieses Argument des Averroes antworteten die Theologen, daß durchaus ein „alter Wille" bestehen kann, die Welt zu erschaffen und es gerade zu diesem Willen gehören kann – welche Möglichkeit im Begriff des Willens selbst liegt –, sich nicht unmittelbar zu realisieren. Darauf formuliert Boethius eine Entgegnung, von der man nicht völlig sicher sein kann (oder nicht völlig sicher sein soll?), ob sie die seine ist: Diese Form eines ewigen Willens sei eine Fiktion, die man nicht deutlich machen kann. So fiktiv wie diese Annahme sei dann naturgemäß auch alles, was daraus gefolgert werde.[64] Gegenüber jemand, der einen solchen Willen bestreitet, sei zudem das Argument leer. Immerhin schließt er diesen Abschnitt von Argumenten ab mit der starken Einschätzung: „Das sind die Argumente, mit denen einige Häretiker, die die Ewigkeit der Welt behaupten, die Lehre des christlichen Glaubens zu bekämpfen suchen, die besagt, daß die Welt neu ist. Gegen diese Argumente ist es förderlich, daß der Christ gründlich studiert, um sie vollkommen auflösen zu können, wenn irgendein Häretiker sie vorbringt."[65]

Der eigentliche Antwortteil bringt wie gesagt keine inhaltliche Stellungnahme zum Sachverhalt, sondern will zeigen, daß es grundlos

---

[63] Boethius, DAM p.340, l.135-138; Übers. p.115.
[64] Boethius, DAM p.345, l.261-267; Übers. p.125.
[65] Boethius, DAM p.346 sq., l.309-313; Übers. p.127.

ist, ein Zerwürfnis zwischen Glauben und Philosophie zu befürchten. Wenn nämlich der Philosophie eine Kompetenz für all das zukommt, wofür es überhaupt Gründe geben kann, dann darf sie auch alles entscheiden, was innerhalb der Grenzen der Rationalität liegt. Daß dies noch keinen nominalistischen Rückzug auf eine bestimmte Methode meint, wird dadurch deutlich, daß Boethius ausdrücklich hinzufügt, die Gründe hätten ihr Fundament in der Sache selbst. Es geht jeweils um das Wesen der Dinge. Was auf dieser Basis nicht behauptet werden kann, kann eo ipso auch nicht bestritten werden. Wenn es also Boethius' These ist, daß keine philosophische Disziplin zu zeigen imstande ist, daß es eine erste Bewegung gebe und daß die Welt neu sei,[66] dann heißt dies also zugleich, daß auch keine es bestreiten kann. Eine jede Disziplin beruht auf spezifischen Voraussetzungen, ihren sog. Prinzipien. Ausgehend von diesen, versucht Boethius im folgenden zu zeigen, daß weder die Naturphilosophie, noch die Mathematik, noch auch die Metaphysik ein methodisch gesichertes Recht haben, den Anfang der Welt zu beweisen bzw. zu bestreiten.

Die Naturphilosophie hat als ihren Grundbegriff Natur. Diese ist ein Prinzip aller Gattungen von natürlichen Dingen. Dies klingt trivial, es schließt aber bereits ein, daß es nicht das erste Prinzip schlechthin bezeichnet. Was Aristoteles in seiner „Physik" untersucht, ist daher ein abgeleitetes Prinzip. Was aber schließt das Natürlichsein ein? Was natürlicher Weise entsteht, entsteht immer durch etwas. Anders gesagt: Natur ist von sich her schon das Prinzip des Beständigen, gerade nicht des Neuen. Die weiteren Argumente sind Variationen dieser Bestimmung. Das Thema der Schöpfung – und Boethius scheint also ebenfalls ausschließlich eine zeitliche Schöpfung damit zu meinen – ist also aus einem doppelten Grund jenseits naturphilosophischer Kompetenz: Einmal, weil damit etwas Neues gesetzt wird, und zum anderen, weil sie definitorisch etwas ausschließt, was die Natur gerade einschließt: das Bedingtsein durch ein Zugrundeliegendes, eine Materie. Man darf den weittragenden Charakter dieses Schrittes nicht übersehen oder relativieren: Die Unmöglichkeit eines Anfangs der Bewegung ist keine objektive, in der Sache selbst begründete, sondern eine gleichsam „subjektive", im methodischen Ansatz gelegene. Dies schließt ein, daß sich Affirmation und Negation nicht mehr

---

[66] Boethius, DAM p.347, l.330-332; Übers. p.129.

unmittelbar aufeinander beziehen lassen. Wenn die philosophische Kosmologie den Weltanfang leugnet, dann ist dies ausschließlich relativ auf ihr Prinzip zu verstehen.

Da für die beiden anderen Disziplinen Analoges – was ich hier übergehe – gilt, muß man abschließend fragen, wie stark die Fundamente für eine solche friedliche Koexistenz sind. Wie Thomas hält auch Boethius die Frage eines zeitlichen Anfangs der Welt für rational nicht entscheidbar. Die Begründung ist bei beiden jedoch eine je verschiedene. Ist es bei Thomas zum einen der Umstand, daß faktisch bislang keine zwingenden Gründe vorgebracht wurden, und zum anderen die Disparatheit von Frage und Beantwortungsmöglichkeit, so macht Boethius rein methodische Gründe geltend. Diese auf den ersten Blick plausible Beschränkung hat jedoch einen hohen Preis: Wenn auch der Schöpfungsglaube des Christentums und der aristotelische Weltinfinitismus einander nicht widerstreiten, weil sie in ihrer Begründungsform gar nicht auf einer Ebene liegen, so ist doch die Umkehrung ziemlich fraglich: Unter diesen wissenschaftstheoretischen Voraussetzungen ist ja auch die Ewigkeitsthese keine Einsicht in die Sache, sondern ergibt sich lediglich aus einem bestimmten, wenn auch nicht willkürlichen methodischen Ansatz. Dies läßt sich natürlich niemals mit der aristotelischen Physik vereinbaren und widerspricht aber auch der zuvor beanspruchten Fundierung der „Gründe" in der jeweiligen Natur der Sache. Dem Glauben wird also nicht bloß durch die methodische Einschränkung des Wissens Platz gemacht,[67] das Wissen selbst hebt sich ungewollt in die Regeln und Voraussetzungen eines Verfahrens auf. Zudem bleibt völlig außer Betracht, welchen Status diese methodischen Festlegungen selbst haben. Streng genommen können sie in keine der drei Disziplinen gehören.

* * *

---

[67] Boethius, DAM p.356, l.574: ubi deficit ratio, ibi suppleat fides; Übers. p.149.

Über die Ewigkeit der Welt

I

Bonaventura

Utrum mundus productus sit ab aeterno, an ex tempore.

Circa secundum quaeritur, utrum mundus productus fuerit ex tempore, an ab aeterno. Et quod non ex tempore, ostenditur:
    1. Duabus rationibus sumtis a motu.

Prima est ostensiva sic: ante omnem motum et mutationem est motus primi mobilis; sed omne quod incipit, incipit per motum vel mutationem: ergo ante omne illud quod incipit, est motus ille. Sed ille motus non potuit esse ante se nec ante suum mobile: ergo impossibile est incipere.

Prima propositio supponitur, et eius probatio patet sic: quia suppositio est in philosophia, quod „in omni genere perfectum est ante imperfectum"; sed inter omnia genera motuum motus ad situm est perfectior, quia est entis completi; et inter omnia genera motuum localium motus circularis et velocior est et perfectior; sed talis est motus caeli: ergo perfectissimus, ergo primus: patet ergo etc.

I

BONAVENTURA

Ist die Welt
in der Zeit hervorgebracht, oder von Ewigkeit?

Zweitens stellt sich die Frage, ob die Welt in der Zeit hervorgebracht oder von Ewigkeit ist. Und daß nicht in der Zeit, wird bewiesen:
1. Mit zwei Argumenten, die von der Bewegung genommen sind.

Das erste beweist direkt, und zwar so: Vor jeder Bewegung und Veränderung ist die Bewegung des ersten Bewegbaren; alles aber, was beginnt, beginnt durch eine Bewegung oder Veränderung: also ist vor all jenem, was beginnt, jene [erste] Bewegung. Doch jene Bewegung konnte nicht früher als sie selbst sein und auch nicht [früher] als ihr Bewegbares[1]: also kann sie unmöglich beginnen.

Nehmen wir den ersten Satz, sein Beweis erhellt auf folgende Weise: In der Philosophie gilt ja der Grundsatz, daß „in jeder Art das Vollkommene vor dem Unvollkommenen ist".[2] Unter allen Arten von Bewegungen aber ist die Ortsbewegung die vollkommenste, weil sie [die Bewegung] des vollständigen Seienden ist[3]. Unter allen Arten von Ortsbewegung wiederum ist die Kreisbewegung die schnellste und vollkommenste.[4] Eine solche nun ist die Bewegung des Himmels: also ist sie die vollkommenste, also die erste. Folglich ist klar, etc.

---

[1] Mobile – d.h., was in dieser Bewegung bewegt wird. In jeder Bewegung gibt es begriffsnotwendig mobile und motor (den Beweger).
[2] Vgl. Aristoteles, Physik, VIII, 9 (265 a 22f.), De caelo, II, 4 (286 b 22). (Die Stellenhinweise verdanken wir der Editio Quaracchi.)
[3] Vgl. Aristoteles, Physik, VIII, 7: Die Fähigkeit zur Ortsbewegung kommt einem Wesen erst dann zu, wenn es die Bewegungsarten der Entstehung, qualitativen Veränderung und des Wachstums schon durchlaufen hat (a.a.O., 260 b 30ff.).
[4] Vgl. Aristoteles: Physik, VIII, 8 und 9, De caelo, II, 4 (287 a 25f.).

2. Item, ostenditur per impossibile. Omne quod exit in esse, exit per motum vel mutationem: ergo si motus exit in esse, exit per motum vel mutationem; et similiter de illo quaeritur: ergo vel est abire in infinitum, vel est ponere aliquem motum sine principio; si motum: ergo mobile, ergo et mundum.

3. Similiter ratio sumitur ostensiva a tempore sic: omne quod incipit, aut incipit in instanti, aut in tempore: si ergo mundus incipit, aut in instanti, aut in tempore. Sed ante omne tempus est tempus, et ante omne instans est tempus: ergo tempus est ante omnia quae inceperunt. Sed non potuit esse ante mundum et motum: ergo mundus non incepit. Prima propositio per se nota est. Secunda, scilicet quod ante omne tempus sit tempus, patet ex hoc, quod, si currit, currebat prius de necessitate. – Similiter, quod ante omne instans sit tempus, patet sic: tempus est mensura circularis conveniens motui et mobili; sed omnis punctus, qui est in circulo, ita est principium, quod finis: ergo omne instans temporis ita est principium futuri, quod terminus praeteriti: ergo ante omne nunc fuit praeteritum: patet ergo etc.

4. Item, per impossibile. Si tempus producitur, aut in tempore, aut in instanti. Non in instanti, cum non sit in instanti: ergo in tempore.

2. Ebenso wird es [indirekt] bewiesen durch das Unmögliche[5]. Alles, was ins Sein tritt, tritt [ins Sein] durch Bewegung oder Veränderung Wenn also die Bewegung ins Sein tritt, tritt sie [ins Sein] durch Bewegung oder Veränderung; und entsprechend wird nach jener gefragt – also muß man entweder ins Unendliche fortschreiten oder irgendeine Bewegung ohne Anfang annehmen. Wenn eine Bewegung, dann auch ein Bewegbares, also auch die Welt.[6]

3. Auf ähnliche Weise läßt sich ein direkter Beweis von der Zeit her nehmen: Alles, was beginnt, beginnt entweder instantan oder in der Zeit[7]: wenn also die Welt beginnt, dann entweder instantan oder in der Zeit. Aber vor aller Zeit ist Zeit, und vor jedem Augenblick ist Zeit – also ist die Zeit vor allem, was begonnen hat. Sie konnte aber nicht vor der Welt und vor der Bewegung sein – also hat die Welt nicht begonnen.

Der erste Satz ist unmittelbar einleuchtend. Der zweite – nämlich, daß vor aller Zeit Zeit ist – erhellt daraus, daß, wenn sie [jetzt] vergeht, sie notwendig schon vorher verging. – Entsprechend wird, daß vor jedem Augenblick Zeit ist, folgendermaßen klar: Die Zeit ist das kreisförmige Maß, das der Bewegung und dem Bewegbaren zukommt. Jeder Punkt aber, der auf einem Kreis liegt, ist gleichermaßen [dessen] Anfang und Ende. Also ist jeder Zeitpunkt gleichemaßen Anfang der Zukunft wie Ende der Vergangenheit.[8] Also war vor jedem Jetzt eine Vergangenheit: Es ist also klar, etc.

4. Ebenso durch das Unmögliche. Wenn die Zeit hervorgebracht wird, dann entweder in der Zeit oder instantan. Nicht instantan, da sie nicht im Augenblick[9] ist – also in der Zeit. Aber zu jeder Zeit gibt es

---

[5] Zu den beiden Beweisarten (direkt und indirekt bzw. „durch das Unmögliche") vgl. Aristoteles, Erste Analytik, II, 11 u. 14.

[6] Wenn Bewegung nicht immer gewesen sein soll, muß sie entstanden sein, Entstehung (Ins-Sein-Treten) ist aber bereits Bewegung. Der Übergang von Nicht-Bewegung zu Bewegung ist selbst Bewegung, also erweist sich die Bewegung, die entsteht, ohne daß schon Bewegung da wäre, als Ungedanke.

[7] Augenblick und Zeit sind, wie Punkt und Linie, inkommensurabel. Daher müssen beide Arten von Anfang (im Augenblick bzw. Zeitpunkt, d.h. instantan und in der kontinuierlich vergehenden Zeit) eigens bedacht werden.

[8] Vgl. Aristoteles, Physik, IV, 13 (222 a 12); VIII, 1 (251 b 19-26).

[9] Zeit und Augenblick (instans) bzw. Jetzt stehen in einem paradoxen Ver-

Sed in omni tempore est ponere prius et posterius, et praeteritum et futurum: ergo si tempus in tempore fuit productum, ante omne tempus fuit tempus; et hoc est impossibile: ergo etc.

Hae sunt rationes PHILOSOPHI, quae sunt sumtae a parte ipsius mundi.

5. Item, aliae rationes philosophorum sumuntur ex parte causae producentis; et generaliter ad duas possunt reduci, quarum prima est ostensiva, secunda vero per impossibile.

Prima est haec: posita causa sufficienti et actuali, ponitur effectus; sed Deus ab aeterno fuit causa sufficiens et actualis ipsius mundi: ergo etc.

Maior propositio per se nota est.

Minor patet, scilicet quod Deus sit causa sufficiens; quia cum nullo extrinseco indigeat ad mundi creationem, sed solum potentia, sapientia et bonitate, et haec in Deo fuerunt perfectissima ab aeterno, patet quod ab aeterno fuit sufficiens.

Quod etiam actualis, patet: Deus enim est actus purus et suum velle, ut dicit PHILOSOPHUS; et Sancti dicunt, quod est suum agere: restat ergo etc.

ein Früher und Später, Vergangenheit und Zukunft – also gab es, wenn die Zeit in der Zeit hervorgebracht wurde, vor jeder Zeit eine Zeit. Das aber ist unmöglich: folglich, etc.

Soweit die Argumente des PHILOSOPHEN, die von der Welt selber ausgehen.

5. Andere Argumente der Philosophen gehen von der hervorbringenden Ursache aus. Im allgemeinen kann man sie auf zwei zurückführen, wobei das erste direkt, das zweite durch das Unmögliche beweist.

Das erste ist dies: Sobald eine zureichende und aktuale Ursache gesetzt wird, wird auch die Wirkung gesetzt.[10] Gott aber war von Ewigkeit die zureichende und aktuale Ursache der Welt: folglich, etc.

Der Obersatz ist unmittelbar einleuchtend.

Der Untersatz ist klar, nämlich daß Gott die zureichende Ursache ist. Da er nämlich nichts Äußerliches zur Erschaffung der Welt braucht, sondern nur Macht, Weisheit und Güte, und diese in Gott von Ewigkeit in höchster Vollendung waren, erhellt, daß er von Ewigkeit [als Ursache] zureichend war.

Daß [Gott] aber auch aktual[e Ursache ist], ist klar: Gott ist ja reiner Akt und ist sein Wollen, wie der PHILOSOPH sagt[11]; und die Kirchenväter sagen, er sei sein Tun[12]: bleibt also, etc.

---

hältnis, vergleichbar dem von Linie und Punkt. Einerseits gilt: „Wenn es ... Zeit nicht gäbe, gäbe es auch das Jetzt nicht, wenn es ... das Jetzt nicht gäbe, dann auch die Zeit nicht" (Aristoteles, Physik, IV, 11, 219 b 33 - 220 1 a, Übersetzung von H.G. Zekl), andererseits heißt es, „daß das Jetzt kein Teil der Zeit ist" (a.a.O., 220 a 19). In jeder Zeitspanne gibt es Zeitpunkte, Augenblicke, „Jetzte", sie sind aber insofern nicht Teil der Zeit, als diese immer teilbar (Kontinuum) ist, während jene unteilbar sind. Daher bewegt sich Im „jetzt" auch nichts: vgl. Aristoteles, Physik, VI, 3 (234 a 24).

[10] Vgl. Avicenna, Metaphysik, tract. IX, c. 1 (Avicenna Latinus, Liber de Philosophia prima sive Scientia divina [Metaphysica], V-X, ed. S. Van Riet, Louvain/Leiden 1980, S. 435, Z. 26-28; dt.: Die Metaphysik Avicennas, übers. von M. Horten, unv. Nachdruck Frankfurt a.M. 1960, S. 543); Aristoteles, Physik, II, 3 (195 b 17f.).

[11] Vgl. Aristoteles, Metaphysik, XII, 6 (1071 b 20), XII, 7 (1072 b 16f.); Bonaventura, Sent. I d. 45 a. 1 q. 1 und Sent. I d. 8 p. 2 a. unicus q. 2; Thomas von Aquin, sum. theol. I, 61, 2 ad 1.

[12] So auch Thomas von Aquin: vgl. Sent. II d. 1 q. 1 a. 5 ad 11; De pot. 3, 17 ad 30.

6. Item, per impossibile: Omne illud quod incipit agere vel producere, cum prius non produceret, exit ab otio in actum; si ergo Deus incipit mundum producere, exit ab otio in actum; sed circa omne tale cadit otiositas et mutatio sive mutabilitas: ergo circa Deum est otiositas et mutabilitas. Hoc autem est contra summam bonitatem et contra summam simplicitatem: ergo hoc est impossibile, et blasphemia dicere de Deo, et ita, quod mundus coeperit.

Hae sunt rationes, quas commentatores et moderniores superaddunt rationibus ARISTOTELIS, sive ad has possunt reduci.

Sed ad oppositum sunt rationes ex propositionibus per se notis secundum rationem et philosophiam.

1. Prima est haec. Impossibile est infinito addi – haec est manifesta per se, quia omne illud quod recipit additionem, fit maius, „infinito autem nihil maius" – sed si mundus est sine principio, duravit in infinitum: ergo durationi eius non potest addi.

Sed constat, hoc esse falsum, quia revolutio additur revolutioni omni die: ergo etc.

Si dicas, quod infinitum est quantum ad praeterita, tamen quantum ad praesens, quod nunc est, est finitum actu, et ideo ex ea parte, qua finitum est actu, est reperire maius: contra, ostenditur, quod in praeterito est reperire maius: haec est veritas infallibilis, quod, si mundus est aeternus, revolutiones solis in orbe suo sunt infinitae; rursus, pro una revolutione solis necesse est fuisse duodecim ipsius lunae: ergo plus revoluta est luna quam sol; et sol infinities: ergo infinitorum ex ea parte, qua infinita sunt, est reperire excessum. Hoc autem est impossibile: ergo etc.

6. Durch das Unmögliche: All jenes, was beginnt zu wirken und [etwas] hervorzubringen, während es vorher nicht[s] hervorbrachte, geht aus der Ruhe in Tätigkeit über. Wenn also Gott beginnt, die Welt hervorzubringen, geht er aus der Ruhe in Tätigkeit über. Bei allem derartigen aber gibt es Nichtstun und Veränderung bzw. Wandelbarkeit – also gibt es bei Gott Nichtstun und Wandelbarkeit. Das aber ist gegen die höchste Güte und gegen die höchste Einfachheit [Gottes] – also ist es unmöglich, und es ist Blasphemie, von Gott so zu reden, und ebenso [, zu sagen], daß die Welt begonnen hat.

Das sind die Argumente, die die Kommentatoren und die Neueren den Argumenten des ARISTOTELES hinzufügen, bzw. jene lassen sich auf diese zurückführen.

Aber für das Gegenteil sprechen Gründe aus Sätzen, die Vernunft und Philosophie zufolge unmittelbar einleuchten.

1. Der erste ist dieser. Es ist unmöglich, dem Unendlichen etwas hinzuzufügen – dieser Satz ist an sich offenkundig, denn all jenes, was eine Hinzufügung zuläßt, wird größer, „es gibt aber nichts Größeres als das Unendliche"[13] –, aber wenn die Welt ohne Anfang ist, hat sie ins Unendliche gedauert: also kann ihrer Dauer nichts hinzugefügt werden.

Aber bekanntlich ist das falsch, weil jeden Tag eine Himmelsumdrehung der anderen hinzugefügt wird: folglich, etc.

Sagst du aber, das Unendliche bezieht sich auf die Vergangenheit, in bezug auf die Gegenwart jedoch, die jetzt ist, gibt es in actu[14] [nur] Endliches, und daher läßt sich auf der Seite, auf der das aktual Endliche ist, etwas Größeres finden – so wird dagegen gezeigt, daß sich [auch] in der Vergangenheit etwas Größeres finden läßt: Es ist die unfehlbare Wahrheit, daß, wenn die Welt ewig ist, die Umläufe der Sonne in ihrer Bahn unendlich [viele] sind. Für einen Sonnenumlauf wiederum muß es zwölf Mondumläufe gegeben haben – folglich ist der Mond häufiger umgelaufen als die Sonne; die Sonne aber unendlich viele Male – also lassen sich unendliche Größen [auch] auf der Seite, auf der sie unendlich sind, überbieten. Das aber ist unmöglich: folglich, etc.[15]

---

[13] Vgl. Aristoteles, De caelo, I, 12 (283 a 9f.).
[14] Vgl. das aristotelische Begriffspaar „in actu" (wirklich, aktuell) – „in potentia" (der Möglichkeit nach, potentiell). (Aristoteles, Metaphysik, IX.)
[15] Die Ähnlichkeit der Argumentation bei Bonaventura und Johannes Philo-

2. Secunda propositio est ista. Impossibile est infinita ordinari. Omnis enim ordo fluit a principio in medium, si ergo non est primum, non est ordo; sed duratio mundi sive revolutiones caeli, si sunt infinitae, non habent primum: ergo non habent ordinem, ergo una non est ante aliam. Sed hoc est falsum: restat ergo, quod habeant primum.

Si dicas, quod statum ordinis non est necesse ponere, nisi in his quae ordinantur secundum ordinem causalitatis, quia in causis necessario est status; quaero, quare non in aliis?

Praeterea, tu ex hoc non evades: nunquam enim fuit revolutio caeli, quin fuisset generatio animalis ex animali; sed constat, quod animal ordinatur ad animal, ex quo generatur secundum ordinem causae: ergo si secundum PHILOSOPHUM et rationem necesse est ponere statum in his quae ordinantur secundum ordinem causae, ergo in generatione animalium necesse est ponere primum animal. Et mundus non fuit sine animalibus: ergo etc.

3. Tertia propositio est ista. „Impossibile est infinita pertransiri"; sed si mundus non coepit, infinitae revolutiones fuerunt: ergo impossibile est illas pertransire: ergo impossibile fuit devenire usque ad hanc.

Si tu dicas, quod non sunt pertransita, quia nulla fuit prima, vel, quod etiam bene possunt pertransiri in tempore infinito; per hoc non evades.

2. Der zweite Satz ist dieser. Es ist unmöglich, Unendliches zu ordnen.[16] Denn jede Ordnung fließt vom Anfang zur Mitte. Wenn es also kein Erstes gibt, gibt es keine Ordnung. Nun haben die Dauer der Welt bzw. die Himmelsumläufe, wenn sie unendlich sind, kein Erstes – folglich haben sie keine Ordnung, folglich ist keiner vor dem anderen. Das aber ist falsch – bleibt also [nur], daß sie ein Erstes haben.
Sagst du aber, einen Halt in der Ordnung anzunehmen, sei nur nötig bei Dingen, die nach der Kausalreihe geordnet werden, weil es in den Ursachen notwendig einen Halt gibt[17] – so frage ich, warum nicht [auch] bei anderen Dingen?
Außerdem – du entkommst hier nicht: Denn nie gab es einen Himmelsumlauf, ohne daß es [zugleich] die Zeugung eines Lebewesens aus einem Lebewesen gegeben hätte. Bekanntlich wird aber ein Lebewesen einem Lebewesen zugeordnet, aus dem es der Kausalreihe gemäß gezeugt wird: Wenn man also dem PHILOSOPHEN und der Vernunft zufolge einen Halt annehmen muß bei Dingen, die nach der Kausalreihe geordnet werden, so muß man auch bei der Zeugung der Lebewesen ein erstes Lebewesen annehmen. Und die Welt war nicht ohne Lebewesen: folglich, etc.

3. Der dritte Satz ist dieser: „Es ist unmöglich, Unendliches ganz zu durchschreiten."[18] Wenn aber die Welt nicht begonnen hat, gab es unendlich viele Umläufe – also ist es unmöglich, jene ganz durchzugehen – also war es unmöglich, bis zum jetzigen zu kommen.
Sagst du aber, sie seien nicht ganz durchschritten, weil keiner der erste war, oder, sie könnten recht wohl ganz durchschritten werden –

---

ponus (ca. 490 - ca. 570) wurde mehrfach hervorgehoben. Anzunehmen ist eine indirekte Vermittlung dieses Gedankenguts über arabische Philosophen, etwa al-Ghazzali. Vgl. E. Behler, Die Ewigkeit der Welt, München u.a. 1965, S. 143, (mit. Anm. 2, wo Behler auf den leider nie veröffentlichten zweiten Band seines Werks verweist), S. 153 (mit Anm. 1); R. Sorabji, Time, Creation and the Continuum, London und Ithaca NY 1983, S. 214ff.

16 Die Begriffe Anfang, Mitte, Ende, die der Vorstellung von Geordnetheit wesentlich sind, finden auf das Unendliche keine Anwendung. – Vgl. Aristoteles, Physik, VIII, 5 (256 a 18f.); Metaphysik, XI, 10 (1067 a 27f.).

17 Im Sinne von Zum-Stehen-Kommen bei einer ersten Ursache: vgl. Aristoteles, Physik, VIII, 5 (257 a 6f., 26); Metaphysik, II, 2.

18 Aristoteles: Zweite Analytik, I, 3 (72 b 10f.), I, 22 (82 b 38f.); Metaphysik, XI, 10 (1066 a 35); De caelo, I, 5 (272 a 3, 28f.).

Quaeram enim a te, utrum aliqua revolutio praecesserit hodiernam in infinitum, an nulla.

Si nulla: ergo omnes finitae distant ab hac, ergo sunt omnes finitae, ergo habent principium.

Si aliqua in infinitum distat; quaero de revolutione, quae immediate sequitur illam, utrum distet in infinitum. Si non: ergo nec illa distat, quoniam finita distantia est inter utramque. Si vero distat in infinitum, similiter quaero de tertia et de quarta et sic in infinitum: ergo non magis distat ab hac una quam ab alia: ergo una non est ante aliam: ergo omnes sunt simul.

4. Quarta propositio est ista. Impossibile est infinita a virtute finita comprehendi; sed si mundus non coepit, infinita comprehenduntur a virtute finita: ergo etc.

Probatio maioris per se patet.

Minor ostenditur sic. Suppono, solum Deum esse virtutis actu infinitae, et omnia alia habere finitatem. Rursus suppono, quod motus caeli nunquam fuit sine spirituali substantia creata, quae vel ipsum faceret, vel saltem cognosceret. Rursus etiam hoc suppono, quod spiritualis substantia nihil obliviscitur. –

Si ergo aliqua spiritualis substantia virtutis finitae simul fuit cum caelo, nulla fuit revolutio caeli, quam non cognosceret; et non est oblita:

[und zwar] in einer unendlichen Zeit –, so kommst du damit [doch] nicht durch. Ich werde nämlich dich fragen, ob irgendein Umlauf dem heutigen mit unendlichem Abstand vorausgegangen sei, oder keiner.
Wenn keiner: so sind sie alle von diesem nur endlich weit entfernt, also sind sie alle endlich, also haben sie einen Anfang.
Wenn irgendeiner unendlich weit entfernt ist: so frage ich nach dem Umlauf, der unmittelbar auf jenen folgt, ob er unendlich weit entfernt ist. Wenn nicht: dann auch nicht jener, weil ja zwischen beiden ein endlicher Abstand ist. Wenn er [der auf den unendlich entfernten Umlauf folgende, d.Ü.] aber unendlich weit entfernt ist, frage ich entsprechend nach dem dritten und vierten und so ins Unendliche: Also ist er[19] nicht weiter von diesem einen als von einem anderen entfernt – folglich ist nicht einer vor dem anderen – also sind alle gleichzeitig.

4. Der vierte Satz ist dieser. Es ist unmöglich, daß unendlich vieles von einer endlichen Kraft umfaßt wird[20]; wenn aber die Welt nicht begonnen hat, wird unendlich vieles von einer endlichen Kraft umfaßt – folglich, etc.
Der Beweis des Obersatzes ist an sich offenbar.
Der Untersatz wird so bewiesen. Ich nehme an, nur Gott sei von einer aktual unendlichen Kraft, und alles andere habe Endlichkeit. Wiederum nehme ich an, die Bewegung des Himmels sei niemals ohne eine geschaffene geistige Substanz gewesen[21], die diese entweder machte oder wenigstens erkennte. Schließlich nehme ich auch das noch an, daß eine geistige Substanz nichts vergißt. –
Wenn also irgendeine geistige Substanz von endlicher Kraft gleichzeitig mit dem Himmel war, gab es keine Himmelsumdrehung, die sie nicht kennte. Vergessen hat sie [sie] auch nicht – folglich erkennt sie

---

[19] Gemeint ist hier wohl der heutige Himmelsumlauf.
[20] Vgl. Aristoteles, Physik, VIII, 10 (266 a 24f.) und Anm. 66 zum ersten Thomas-Text.
[21] Das entspricht der von Aristoteles sowie in Patristik und Scholastik vertretenen Auffassung, die geistigen Substanzen (Engel) würden zur Bewegung der Himmelskörper und zur Lenkung der Welt eingesetzt (vgl. Thomas von Aquin, sum. theol. I, 110, 1). – Davon zu unterscheiden ist die Frage, ob die Engel auch am Schöpfungswerk Anteil haben, was von Augustinus und Thomas verneint, von den arabischen Philosophen und Petrus Lombardus bejaht wird: vgl. sum. theol. I, 45, 5 und S. 523 im Bd. 4 der DThA.

ergo omnes actu cognoscit; et fuerunt infinitae: ergo aliqua spiritualis substantia virtutis finitae simul comprehendit infinita.

Si dicas, quod non est inconveniens, quod unica similitudine cognoscat omnes revolutiones, quae sunt eiusdem speciei et omnino consimiles; obiicitur, quod non tantum cognoverit circulationes, sed earum effectus; et effectus varii et diversi sunt infiniti: patet ergo etc.

5. Quinta est ista. Impossibile est infinita simul esse; sed si mundus est aeternus sine principio, cum non sit sine homine – propter hominem enim sunt quodam modo omnia – et homo duret finito tempore: ergo infiniti homines fuerunt. Sed quot fuerunt homines, tot animae rationales: ergo infinitae animae fuerunt. Sed quot animae fuerunt, tot sunt, quia sunt formae incorruptibiles: ergo infinitae animae sunt.

Si tu dicas propter hoc, quod circulatio est in animabus, vel quod una anima est in omnibus hominibus; primum est error in philosophia, quia, ut vult PHILOSOPHUS, „proprius actus est in propria materia": ergo non potest anima, quae fuit perfectio unius, esse perfectio alterius, etiam secundum PHILOSOPHUM.

Secundum etiam magis est erroneum, quia multo minus una est anima omnium.

alle aktual. Es waren aber unendlich viele – also erfaßt eine geistige Substanz von endlicher Kraft gleichzeitig unendlich vieles.[22]
Sagst du aber – was nicht abwegig ist –, daß sie durch eine einzige Ähnlichkeit alle Umläufe erkennt, die [ja] von derselben Art und überhaupt ganz gleich sind – so wird entgegnet: Sie wird nicht nur die Umläufe, sondern [auch] deren Wirkungen erkannt haben; die Wirkungen aber sind ganz und gar verschieden: also ist klar, etc.

5. Der fünfte ist dieser. Es ist unmöglich, daß es unendlich vieles zugleich gibt[23]; aber wenn die Welt ewig ohne Anfang ist: so hat es, da sie nicht ohne den Menschen ist – wegen des Menschen ist ja in gewisser Weise alles[24] – und da der Mensch [nur] eine endliche Zeit dauert, unendlich viele Menschen gegeben. Aber wieviele Menschen, soviele vernunftbegabte Seelen: Also hat es unendlich viele Seelen gegeben. Wieviele Seelen es aber gegeben hat, soviele gibt es noch, weil sie ja unvergängliche Formen sind: Also gibt es unendlich viele Seelen.

Sagst du aber, es gäbe bei den Seelen einen Kreislauf[25], oder eine einzige Seele sei in allen Menschen[26]: so ist das erste ein Irrtum in der Philosophie, weil, wie der PHILOSOPH will, „der Akt jeweils in der ihm eigenen Materie ist"[27]: Also kann die Seele, die die Vollendung des einen war, nicht die Vollendung des anderen sein, auch dem PHILOSOPHEN zufolge.

Das zweite ist ein noch größerer Irrtum, weil noch viel weniger [zutrifft, daß] die Seele aller nur eine ist.

---

[22] Zu ergänzen: das widerspricht jedoch dem Obersatz – folglich, etc.
[23] Vgl. Aristoteles, Physik, III, 5 (205 a 8f.); De caelo, I, 6 (273 a 21-25), I, 7 (274 a 19); Metaphysik, XI, 10 (1066 b 1f., 11f.).
[24] Aristoteles: Physik, II, 2 (194 a 34f.); Politik, I, 8 (1256 b 22).
[25] Anspielung auf die platonische Lehre von der Seelenwanderung; vgl. Augustinus, De civ. Dei, XII, c. 21.
[26] Anspielung auf Averroes' Lehre von der Einheit des Intellekts (im Kommentar zu „De anima", III, 5).
[27] Vgl. Aristoteles, De anima, II, 2 (414 a 25-27). Die Seele ist als „Form des Körpers" individuell aktuierendes Prinzip, d.h. zu einer bestimmten Seele gehört ein bestimmter Körper. Die Lehre von der Seelenwanderung ist daher absurd – „als ob es möglich sei, wie die Pythagoreer fabeln, daß eine beliebige Seele in einen beliebigen Körper eindringe." (De anima, I, 3; 407 b 21-23; übers. von W. Theiler.)

6. Ultima ratio ad hoc est: impossibile est, quod habet esse post non-esse habere esse aeternum, quoniam hic est implicatio contradictionis; sed mundus habet esse post non-esse: ergo impossibile est esse aeternum. Quod autem habeat esse post non-esse, probatur sic:
omne illud quod totaliter habet esse ab aliquo <ed. Vat. add.: *donante (differente?) per essentiam*>, producitur ab illo ex nihilo; sed mundus totaliter habet esse a Deo: ergo mundus ex nihilo; sed non ex nihilo materialiter: ergo originaliter. Quod autem omne quod totaliter producitur ab aliquo differente per essentiam, habeat esse ex nihilo, patens est. Nam quod totaliter producitur, producitur secundum materiam et formam; sed materia non habet ex quo producatur, quia non ex Deo: manifestum est igitur, quod ex nihilo.
Minor autem, scilicet quod mundus a Deo totaliter producatur, patet ex alio problemate.

[Conclusio]

Respondeo:
Dicendum, quod ponere, mundum aeternum esse sive aeternaliter productum, ponendo res omnes ex nihilo productas, omnino est contra veritatem et rationem, sicut ultima ratio probat; et adeo contra rationem, ut nullum philosophorum quantumcumque parvi intellectus crediderim hoc posuisse. Hoc enim implicat in se manifestam contradictionem. –
Ponere autem mundum aeternum, praesupposita aeternitate materiae, rationabile videtur et intelligibile, et hoc duplici exemplo.

6. Das letzte Argument hierzu: Es ist unmöglich, daß das, was Sein nach dem Nicht-Sein hat, ewig ist, weil das einen Widerspruch impliziert. Die Welt aber hat ihr Sein nach dem Nicht-Sein: Also kann sie unmöglich ewig sein. Daß sie aber ihr Sein nach dem Nicht-Sein hat, wird so bewiesen:

Alles, was sein Sein gänzlich von irgendeinem [im Wesen Verschiedenen][28] hat, wird von jenem aus dem Nichts hervorgebracht. Die Welt aber hat ihr Sein gänzlich von Gott – also ist die Welt aus nichts; aber nicht materiell aus nichts, sondern dem Ursprung nach. Daß aber alles, was gänzlich von etwas im Wesen Verschiedenen hervorgebracht wird, sein Sein aus nichts hat, ist offenbar. Denn was vollständig hervorgebracht wird, wird nach Materie und Form hervorgebracht; die Materie aber hat nichts, woraus sie hervorgebracht werden könnte, weil sie ja nicht aus Gott [sein kann]: Mithin ist offenbar, daß sie aus nichts ist.

Der Untersatz aber, nämlich daß die Welt ganz und gar von Gott hervorgebracht wird, erhellt aus einer anderen Frage.[29]

[Schluß]

Antwort:

Die Behauptung, die Welt sei ewig oder von Ewigkeit hervorgebracht, ist, wenn man unterstellt, alle Dinge seien aus nichts hervorgebracht, ganz und gar gegen die Wahrheit und die Vernunft, wie das letzte Argument beweist; und so sehr gegen die Vernunft, daß ich glauben möchte, daß kein Philosoph mit einem auch noch so kleinen Verstand das angenommen hat. Denn das impliziert einen offenbaren Widerspruch. –

Die Welt aber als ewig anzunehmen, wenn man die Ewigkeit der Materie voraussetzt, scheint vernünftig und verständlich, und das anhand zweier Beispiele.

---

[28] Zusatz („differente [Lesart fraglich, evtl. ‚donante'] per essentiam" aus der editio Vaticana (Rom 1588-1599), der den Gedanken verdeutlicht: Was nämlich durch Zeugung entsteht, verdankt sein Sein zum Teil einem Wesensgleichen, zum Teil einem Wesensverschiedenen. („Denn ein Mensch zeugt einen Menschen, und die Sonne." Aristoteles, Physik, II, 2, 194 b 13.)

[29] Nämlich aus der vorhergehenden quaestio.

Egressus enim rerum mundanarum a Deo est per modum vestigii. Unde si pes esset aeternus, et pulvis, in quo formatur vestigium, esset aeternus; nihil prohiberet intelligere, vestigium pedi esse coaeternum, et tamen a pede esset vestigium. Per hunc modum, si materia sive principium potentiale esset coaeternum auctori, quid prohibet ipsam vestigium esse aeternum? immo videtur congruum. –

Rursus aliud exemplum rationabile. Creatura enim procedit a Deo ut umbra, Filius procedit ut splendor; sed quam cito est lux, statim est splendor, et statim est umbra, si sit corpus opacum ei obiectum. Si ergo materia coaeterna est auctori tanquam opacum; sicut rationabile est ponere Filium, qui est splendor Patris, coaeternum: ita rationabile videtur, creaturas sive mundum, qui est umbra summae lucis, esse aeternum. Et magis rationabile est quam suum oppositum, scilicet quod materia fuerit aeternaliter imperfecta, sine forma vel divina influentia, sicut posuerunt quidam philosophorum; et adeo rationabilius, ut etiam ille excellentior inter philosophos, ARISTOTELES, secundum quod Sancti imponunt, et commentatores exponunt, et verba eius praetendunt, in hunc errorem dilapsus fuerit.

Quidam tamen moderni dicunt, PHILOSOPHUM nequaquam illud sensisse nec intendisse probare, quod mundus omnino non coeperit, sed quod non coeperit naturali motu. –

Quod horum magis verum sit, ego nescio; hoc unum scio, quod si posuit mundum non incepisse *secundum naturam*, verum posuit, et rationes eius sumtae a motu et tempore sunt efficaces. Si autem hoc sensit,

Der Ausgang der Dinge von Gott nämlich geschieht in der Weise der Spur. Wenn nun der Fuß ewig wäre, und der Staub, in dem die Spur sich bildet, ewig wäre – so ließe sich ohne weiteres einsehen, daß die Spur dem Fuß gleichewig wäre, und dennoch rührte die Spur von dem Fuß her.[30] Wenn die Materie oder das ermöglichende Prinzip ihrem Urheber gleichewig wären, was hindert, daß auf diese Weise die Spur ihrerseits ewig ist? Vielmehr erscheint es stimmig. –

Noch ein anderes vernünftiges Beispiel. Das Geschöpf geht nämlich von Gott aus wie ein Schatten, der Sohn wie ein Glanz; sobald nun ein Licht da ist, ist sofort der Glanz da, und sofort der Schatten, wenn ihm [dem Licht] ein opaker Körper entgegengestellt wird. Wenn also die Materie ihrem Urheber wie etwas Opakes gleichewig ist, so scheint es vernünftig – wie es vernünftig ist, den Sohn, der der Glanz des Vaters ist, gleich ewig anzunehmen –, daß die Geschöpfe bzw. die Welt, die der Schatten des höchsten Lichtes ist, ewig sind. Und das ist vernünftiger als das Gegenteil, nämlich daß die Materie ewig unvollkommen gewesen sei, ohne Form oder göttlichen Einfluß [auf sie], wie einige Philosophen[31] angenommen haben; und so viel vernünftiger, daß auch jener ganz besonders hervorragende unter den Philosophen, ARISTOTELES, nach dem, was die Kirchenväter [in ihn] hineinlegen, die Kommentatoren auslegen und seine eigenen Worte nahelegen, in diesen Irrtum verfallen ist.

Dennoch sagen einige Neuere[32], der PHILOSOPH habe dies keineswegs gemeint, noch beweisen wollen, daß die Welt überhaupt nicht angefangen habe, sondern daß sie nicht durch eine natürliche Bewegung angefangen habe. –

Was wahrer ist, weiß ich nicht; das eine weiß ich: wenn er angenommen hat, die Welt habe nicht *naturgemäß*[33] angefangen, so hat er das Wahre angenommen, und seine von der Bewegung und der Zeit genommenen Gründe sind triftig. Wenn er aber das meinte, daß die Welt

---

30 Vgl. Augustinus, De civ. Dei, X, c. 31.
31 Vgl. Platon, Timaios, 30 a.
32 Philipp der Kanzler und Alexander von Hales: vgl. R.C. Dales, Medieval Discussions of the Eternity of the World, Leiden 1990, S. 94, Anm. 19.
33 Also nicht durch Zeugung bzw. Entstehung, was immer etwas Zugrundeliegendes (Materie) voraussetzt, sondern durch einen übernatürlichen Anfang, d.h. Schöpfung.

quod nullo modo coeperit; manifeste erravit, sicut pluribus rationibus ostensum est supra.

Et necesse fuit, eum ad vitandam contradictionem ponere, aut mundum non esse factum, aut non esse factum ex nihilo. Ad vitandum autem infinitatem actualem necesse fuit ponere aut animae rationalis corruptionem, aut unitatem, aut circulationem; et ita auferre beatitudinem. Unde iste error et malum habet initium et pessimum habet finem.

1. Quod ergo obiicitur primo de motu, quod est primus inter omnes motus et mutationes, quia perfectissimus; dicendum, quod loquendo de motibus et mutationibus *naturalibus*, verum dicit et non habet instantiam; loquendo autem de mutatione *supernaturali*, per quam ipsum mobile processit in esse, non habet veritatem. Nam illa praecedit omne creatum, et ita mobile primum, ac per hoc et eius motum.

2. Quod obiicitur: omnis motus exit in esse per motum; dicendum, quod motus non exit in esse *per se*, nec *in se*, sed *cum alio* et *in alio*. Et quoniam Deus in eodem instanti mobile fecit et ut motor super mobile influxit; ideo motum mobili concreavit. –
Si autem quaeras de illa creatione, dicendum, quod ibi stare est sicut in primis. Et hoc melius infra patebit.

3. Quod tertio obiicitur de nunc temporis etc., dicendum, quod, sicut in circulo est dupliciter assignare punctum, aut cum fit, aut postquam factum est; et sicut, dum fit, est ponere et assignare primum punctum, dum vero iam est, non est ponere primum; sic est accipere in tempore nunc dupliciter: et in ipsa productione temporis fuit nunc primum, ante quod non fuit aliud, quod fuit principium temporis, in quo omnia dicuntur esse producta.

auf *keine Weise* angefangen hat, so hat er sich offensichtlich geirrt, wie oben mit mehreren Argumenten gezeigt wurde.

Er mußte aber, um einen Widerspruch zu vermeiden, entweder annehmen, die Welt sei nicht geschaffen, oder sie sei nicht aus nichts geschaffen. Um nun die aktuale Unendlichkeit zu vermeiden, war es nötig, entweder den Untergang der vernunftbegabten Seele anzunehmen, oder ihre Einheit, oder ihren Kreislauf – und so die Seligkeit aufzuheben. Daher hat dieser Irrtum sowohl einen schlechten Anfang als auch ein katastrophales Ende.

[Zu] 1. Was aber erstens von der Bewegung her eingewandt wird, daß es eine erste unter allen Bewegungen und Veränderungen gibt, weil es eine vollkommenste gibt – dazu ist zu sagen, daß man, wenn man über *natürliche* Bewegungen und Veränderungen spricht, die Wahrheit sagt und nichts dagegen einzuwenden ist. Spricht man aber über die *übernatürliche* Veränderung, durch die das Bewegbare seinerseits erst ins Sein trat, so ist es nicht wahr. Denn jene geht jedem Geschaffenen voraus, und so [auch] dem ersten Bewegbaren, und dadurch auch dessen Bewegung.

[Zu] 2. Zu dem Einwand ‚jede Bewegung tritt ins Sein durch Bewegung' ist zu sagen, daß die Bewegung nicht *an sich*, noch auch *in sich* ins Sein tritt, sondern *mit anderem* und *in anderem*. Und da Gott im selben Augenblick das Bewegbare schuf und als Beweger auf das Bewegbare einwirkte, so hat er die Bewegung mit dem Bewegbaren zusammen geschaffen. –

Fragst du aber nach jener Schöpfung, so ist zu sagen, daß man dabei stehenbleiben muß wie bei den ersten Begriffen. Das wird unten klarer werden.[34]

[Zu] 3. Zum dritten Einwand, über das Jetzt in der Zeit etc., ist zu sagen: Wie man auf einem Kreis auf zweifache Weise einen Punkt bestimmen kann, nämlich entweder, während er gezogen wird, oder nachdem er gezogen wurde; und wie man, während er gezogen wird, einen ersten Punkt setzen und bestimmen kann, wenn er aber schon da ist, keinen ersten setzen kann – so kann man in der Zeit das Jetzt auf zweifache Weise auffassen: Auch in der Erschaffung der Zeit selbst gab es ein erstes Jetzt, vor dem kein anderes war; und das war der Anfang der Zeit, in dem, heißt es, alles geschaffen wurde.

---

[34] Sent. II d. 1 p. 1 a. 3.

Si autem de tempore <codex A addit: *et de nunc*>, postquam factum est <codex A addit: *loquamur*>, verum est, quod est terminus praeteriti et se habet per modum circuli; sed hoc modo non fuerunt res productae in tempore iam perfecto. Et ita patet, quod rationes PHILOSOPHI nihil valent omnino ad hanc conclusionem. –
Et quod dicitur, quod ante omne tempus est tempus; verum est accipiendo intus dividendo, non extra anterius procedendo.

4. Quod obiicitur de tempore, quando coepit; dicendum, quod coepit in suo principio; principium autem temporis est instans vel nunc; et ita coepit in instanti. Et non valet illa ratio: non fuit in instanti, ergo non coepit in instanti; quia successiva non sunt in sui initio. –
Potest tamen et aliter dici, quod dupliciter est loqui de tempore: aut secundum *essentiam*, aut secundum *esse*. Si secundum essentiam, sic nunc est tota essentia temporis, et illud incepit cum re mobili, non in

Wenn wir aber von der Zeit und dem Jetzt reden[35], nachdem es erschaffen wurde, so gilt, daß es das Ende der Vergangenheit ist und sich zirkulär verhält; aber auf diese Weise hätte es in der schon vollendeten Zeit [noch] keine geschaffenen Dinge gegeben.[36] Und so ist klar, daß die Argumente des PHILOSOPHEN überhaupt nichts zu dieser Schlußfolgerung beitragen. –
Und wenn gesagt wird, daß vor aller Zeit Zeit ist – so ist das wahr, wenn man im Innern [eines Zeitabschnitts] teilt, nicht aber wenn man außerhalb [der Zeit] ins Frühere[37] fortschreitet.

[Zu] 4. Was von der Zeit eingewandt wird – wann sie begonnen hat –, so ist zu sagen, daß sie in ihrem Anfang begonnen hat; der Anfang der Zeit aber ist der Augenblick oder das Jetzt, und so begann sie in einem Augenblick. Und jenes Argument, nämlich ‚sie war nicht in einem Augenblick, also hat sie auch nicht in einem Augenblick begonnen', gilt nicht; denn sukzessiv Seiendes ist in seinem Anfang nicht.[38] –

Man kann jedoch auch anders sagen, weil man zweifach über die Zeit reden kann: entweder dem *Wesen* nach oder dem *Sein* nach. Wenn dem Wesen nach, so ist das Jetzt das ganze Wesen der Zeit, und jenes

---

35 Lesart des codex A. („Si autem de tempore et de nunc postquam factum est loquamur, verum est ...")
36 Der Gedanke ist wohl der: Die Zirkularität der Jetzt-Struktur setzt eine immer schon fertige Zeit voraus, die geschaffenen Dinge können aber nicht immer schon fertig sein, also würde die geforderte Simultanität von Zeit und Schöpfung unterlaufen.
37 Daß sich sprachlich ein außerzeitliches Sein nicht adäquat fassen läßt, weil wir wieder sagen „*vor* aller Zeit" bzw. „*früher* als die Zeit", tut dem Gedanken keinen Abbruch. Vgl. W. Wieland, Die Ewigkeit der Welt (Der Streit zwischen Joannes Philoponus und Simplicius), in: Die Gegenwart der Griechen im neueren Denken (Festschrift für H.-G. Gadamer zum 60. Geburtstag, hrsg. von D. Henrich u.a.), Tübingen 1960, S. 291-316, hier S. 305.
38 Zu denken ist wohl an Seiendes, das nur durch zeitliche Erstreckung definiert werden kann – vgl. das Beispiel vom Laufen („Vergehen") der Zeit im 3. Einwand. Da „Laufen" schon immer „einen Schritt vorher" impliziert, müßte, wenn einmal Laufen ist, immer Laufen gewesen sein. Aber einen Anfang gibt es doch – nur daß in ihm das Laufen noch nicht sein volles Sein erreicht hat. Die Alternative zum anfangslosen Sein ist also der seinslose Anfang: Was sein Sein sukzessiv entfaltet, hat einen Anfang, in dem es noch nicht ganz es selbst ist.

alio nunc, sed in se ipso, quia status est in primis, unde non habuit aliam mensuram.

Si secundum esse, sic coepit cum motu variationis, scilicet nec coepit per creationem, sed potius per ipsorum mutabilium mutationem, et maxime primi mobilis.

5. Quod obiicitur de causae sufficientia et actualitate, dicendum, quod causa *sufficiens* ad aliquid est duobus modis: aut operans per naturam, aut per voluntatem et rationem.

Si operans per naturam, sic statim cum est, producit.

Si autem operans per voluntatem, quamvis sit sufficiens, non oportet, quod statim cum est operetur; operatur enim secundum sapientiam et discretionem, et ita considerat congruitatem. Quoniam igitur non conveniebat naturae ipsius creaturae aeternitas, nec decebat, Deum alicui hanc nobilissimam conditionem donare: ideo divina voluntas, quae operatur secundum sapientiam, produxit non ab aeterno, sed in tempore; quia sicut produxit, sic disposuit et sic voluit. Ab aeterno enim voluit producere tunc, quando produxit; sicut ego *nunc* volo *cras* audire missam.

Et ita patet, quod sufficientia non cogit.

Similiter de *actualitate* dicendum, quod causa duobus modis potest esse in actu: aut in se, ut si dicam: sol lucet; aut in effectu, ut si dicam: sol illuminat.

Primo modo Deus semper fuit in actu, quoniam ipse est actus purus,

[das Jetzt] begann mit der bewegbaren Sache, nicht in einem anderen Jetzt, sondern in sich selbst, weil es bei den ersten Dingen einen Halt gibt[39]. Daher hatte es kein anderes Maß.

Wenn dem Sein nach, so begann sie mit der Bewegung der Veränderung, d.h. sie begann nicht durch Schöpfung, sondern vielmehr durch die Veränderung der veränderlichen Dinge selbst, insbesondere durch die des ersten Bewegbaren.[40]

[Zu] 5. Was eingewandt wird in bezug die Zureichendheit und Aktualität der Ursache, so ist zu sagen, daß eine Ursache auf zweierlei Art *zureichend* für etwas ist: entweder, indem sie natürlich, oder indem sie durch Willen und Vernunft wirkt.

Wenn sie natürlich wirkt, so bringt sie etwas hervor, sobald sie ist.

Wirkt sie aber durch den Willen, so braucht sie, obwohl sie zureichend ist, [doch] nicht schon zu wirken, sobald sie ist. Sie wirkt nämlich nach Weisheit und wägender Umsicht, und so berücksichtigt sie die Angemessenheit. Da nun der Natur der Kreatur die Ewigkeit gerade nicht zukam und es sich auch nicht ziemte, daß Gott irgendeinem Wesen diesen Stand höchster Nobilität verlieh: so schuf der göttliche Wille, der der Weisheit gemäß wirkt, nicht von Ewigkeit, sondern in der Zeit; denn, wie er schuf, so verfügte und so wollte er. Von Ewigkeit her nämlich wollte er zu dem Zeitpunkt schaffen, zu dem er schuf; so wie ich *jetzt morgen* die Messe hören will.

Und so ist klar, daß die Zureichendheit nicht zwingt.

Entsprechendes ist über die *Aktualität* zu sagen, daß eine Ursache auf zweierlei Weise aktual sein kann: entweder in sich, wie wenn ich sage „die Sonne leuchtet"; oder in ihrer Wirkung, wie wenn ich sage „die Sonne beleuchtet".

In der ersten Art war Gott immer aktual-wirklich, weil er selbst ja reiner Akt ist und ihm nichts Potentielles beigemischt ist. In der anderen

---

[39] Vgl. Aristoteles, Physik, VIII, 5 (257 a 6f., 26).
[40] Ihrem Sein nach ist die Zeit ein abgeleitetes Phänomen, wie ja zuvor schon von ihrem Wesen gesagt wurde: Der Beginn der Zeit liegt nicht in einer anderen Zeit, sondern in der Bewegung eines Bewegbaren – wodurch die Zeit als „Zahl der Bewegung" (Aristoteles, Physik, IV, 11, 219 b 1f.) erst zustandekommt. (Vgl. a.a.O., 219 a 2-10: Die Zeit „ist etwas an der Bewegung".)

nihil habens admixtum de possibili; alio modo non semper in actu; non enim semper fuit producens.

6. Quod obiicitur secundo: si de non producente factus est producens, mutatus est ab otio in actum; dicendum, quod quoddam est agens, in quo actio et productio addit aliquid supra agentem et producentem. Tale, cum de non agente fit agens, variatur aliquo modo; et in tali ante operationem cadit otium, et in operatione additur complementum.

Aliud est agens, quod est sua actio; et tali nihil omnino advenit, cum producit, nec etiam in eo fit aliquid, quod non prius erat; et tale nec in operando recipit complementum, nec in non-operando est otiosum, nec cum de non-producente fit producens, mutatur ab otio in actum.

Tale autem est Deus etiam secundum philosophos, qui posuerunt Deum simplicissimum. –

Patet igitur, quod stulta est eorum ratio. Si enim propter otium vitandum res ab aeterno produxisset, *sine* rebus perfectum bonum non esset, ac per hoc nec *cum* rebus, quia perfectissimum se ipso perfectum est.

Rursus, si propter immutabilitatem oporteret res ab aeterno esse, nihil posset nunc de novo producere. Qualis igitur Deus esset, qui nunc nihil per se posset? Haec omnia dementiam indicant magis quam philosophiam vel rationem aliquam. –

Si tu quaeras, qualiter possit capi, quod Deus agat se ipso, et tamen non incipiat agere; dicendum, quod, etsi hoc non possit plene capi propter imaginationem coniunctam, potest tamen necessaria ratione convinci; et si quis a sensibus se retrahat ad intelligibilia aspicienda, aliquo modo percipiet.

Art war er nicht immer aktual-wirklich, denn er war nicht immer schaffend.[41]

[Zu] 6. Was schließlich eingewandt wird: Wenn aus dem nicht schaffenden [Gott] ein schaffender geworden ist, so ist er aus [einem Zustand der] Ruhe in [einen Zustand der] Tätigkeit verändert worden – so ist zu sagen: Es gibt ein Tätiges von der Art, daß Tätigkeit und Produktion dem Tätigen und Produzierenden etwas Zusätzliches hinzufügen. Ein solches ändert sich in gewisser Weise, wenn aus dem Untätigen ein Tätiges wird; und bei einem solchen gibt es vor der Tätigkeit Ruhe, und in der Tätigkeit [erst] erfährt es seine Vollendung.

Ein anderes Tätiges gibt es, das seine Tätigkeit ist; und zu einem solchen kommt überhaupt nichts hinzu, wenn es [etwas] hervorbringt, noch entsteht etwas in ihm, was vorher nicht dagewesen wäre. Ein solches empfängt weder im Tätigsein seine Vollendung, noch ist es im Nicht-Tätigsein müßig, noch schlägt es von Ruhe in Tätigkeit um, wenn aus dem Nicht-Schaffenden ein Schaffendes wird.

So aber ist Gott, auch nach den Philosophen, die Gott als vollkommen einfach annahmen. –

Es ist also klar, daß deren Argument töricht ist. Wenn er nämlich, um das Untätigsein zu vermeiden, die Dinge von Ewigkeit her geschaffen hätte, wäre er *ohne* die Dinge kein vollkommenes Gut, und daher auch nicht *mit* den Dingen, weil das Vollkommenste in sich selbst vollkommen ist.

Wiederum, wenn wegen seiner Unveränderlichkeit die Dinge von Ewigkeit her sein müßten, könnte er jetzt nichts von neuem hervorbringen. Was für ein Gott wäre denn das, wenn er jetzt nichts [mehr] durch sich vermöchte?

All das zeugt eher von Irrsinn als von Philosophie oder irgendeiner Vernunft. –

Fragst du aber, wie man begreifen könne, daß Gott durch sich selbst handelt und dennoch nicht zu handeln beginnt, so ist zu sagen: Wenn es auch, wegen der damit verbundenen Vorstellung, nicht vollständig begriffen werden kann, kann man sich doch mit zwingendem Grund davon überzeugen; und wenn jemand sich von den Sinnen zurückzieht, um das Übersinnliche zu erschauen, so wird er es auf irgendeine Weise wahrnehmen.

---

[41] Vgl. Sent. I d. 45 a. 2 q. 2 (sed contra 2 und ad sed contra 2).

Si enim aliquis quaerat, utrum Angelus possit facere potum figuli, cum non habeat manus, vel proiicere lapidem; respondetur, quod potest; quia hoc potest sola virtute sua absque organo, quod potest anima cum corpore et membro suo. Si igitur Angelus propter suam simplicitatem et perfectionem tantum excedit hominem, ut possit facere sine organo medio illud, ad quod homo necessario indiget organo; possit etiam facere per unum, quod homo potest per plura: quanto magis Deus, qui est in fine totius simplicitatis et perfectionis, absque omni medio suae voluntatis imperio, quae non est aliud quam ipse, potest omnia producere, ac per hoc in producendo immutabilis permanere! Sic potest homo manuduci ad hoc intelligendum. –
Hoc autem perfectius capiet, si quis ista duo potest in suo opifice contemplari, scilicet quod est perfectissimus et simplicissimus. Quia perfectissimus, omnia quae sunt perfectionis ei attribuuntur; quia simplicissimus, nullam diversitatem in eo ponunt, ac per hoc nullam varietatem nec mutabilitatem; ideo „stabilis manens dat cuncta moveri".

Wenn nämlich jemand fragt, ob ein Engel einen Topf aus Ton machen oder einen Stein werfen könne, obwohl er keine Hände habe, so lautet die Antwort: Er kann es; denn er kann nur durch seine Kraft, ohne Werkzeug, was die Seele mit ihrem Körper und ihren Gliedern kann. Wenn also der Engel wegen seiner Einfachheit und Vollkommenheit den Menschen so weit übertrifft, daß er ohne vermittelndes Werkzeug machen kann, wozu der Mensch notwendig eines Werkzeugs bedarf; daß er auch durch eines machen kann, was der Mensch nur durch mehreres vermag: wieviel mehr kann dann Gott, der an der Spitze aller Einfachheit und Vollkommenheit[42] steht, ohne jeden vermittelnden Befehl seines Willens, der nichts anderes ist als er selbst, alles hervorbringen und dadurch im Hervorbringen unveränderlich bleiben! So kann der Mensch angeleitet werden, das zu verstehen. –

Noch vollkommener aber wird es begreifen, wer dieses beides in seinem Urheber betrachten kann, nämlich daß er der Vollkommenste und der Einfachste ist. Weil der Vollkommenste, wird ihm alles, was zur Vollkommenheit gehört, zugeschrieben; weil der Einfachste, legt man in ihn keine Verschiedenheit, und dadurch keinen Wechsel und keine Wandelbarkeit. Daher „gibt er, der unveränderlich bleibt, daß alles sich bewegt"[43].

---

[42] – „in fine totius simplicitatis et perfectionis": Die Wendung „in fine simplicitatis" findet sich im „Liber de causis", ed. Pattin, prop. 20 (21), § 163; vgl. „in fine nobilitatis" in der arabisch-lateinischen Übersetzung der aristotelischen Metaphysik (XII, 7) und in ScG I, 70.
[43] Boethius: Trost der Philosophie (De consolatione philosophiae), III, Gedicht 9, Z. 3 (ed. Gegenschatz/Gigon, München/Zürich 1990, S. 128f.).

II

Thomas de Aquino

Utrum mundus sit aeternus.*

Videtur quod mundus sit aeternus: et ad hoc possunt adduci rationes sumptae ex quatuor, scilicet ex substantia caeli, ex tempore, ex motu, et ex agente vel movente.
I.
1. Ex substantia caeli sic. Omne quod est ingenitum et incorruptibile, semper fuit et semper erit. Sed materia prima est ingenita et incorruptibilis; quia omne quod generatur, generatur ex subjecto, et quod corrumpitur, corrumpitur in subjectum; materiae autem primae non est aliquod subjectum. Ergo materia prima semper fuit et semper erit. Sed materia nunquam denudatur a forma.

---

* Sent. II d. 1 q. 1 a. 5; Opera Omnia, ed. Busa, Bd. 1, Stuttgart-Bad Cannstatt 1980, S. 125a-127a. Busa übernimmt für den Sentenzenkommentar den Text der editio Prima Americana, Bd. VI, New York 1948, der einen Wiederabdruck der editio Parmensis, Bd. VI, Parma 1856 darstellt. – Zum Vergleich wurden die ed. Vivès, Bd. VIII, Paris 1874 sowie die ed. Mandonnet, Bd. II, Paris 1929 herangezogen.

II

THOMAS VON AQUIN

Ist die Welt ewig?

Es scheint, daß die Welt ewig ist: und hierzu können viererlei Gründe angeführt werden, nämlich aus der Substanz des Himmels, aus der Zeit, aus der Bewegung und aus dem Wirkenden bzw. Bewegenden.
I.
1. Aus der Substanz des Himmels: Alles, was nicht entstanden und unvergänglich ist, war immer und wird immer sein. Die materia prima[1] aber ist nicht entstanden und unvergänglich; denn alles, was entsteht, entsteht aus einem Zugrundeliegenden, und was vergeht, vergeht in ein Zugrundeliegendes[2]; die materia prima aber hat kein Zugrundeliegendes. Also war die materia prima immer und wird immer sein. Aber die Materie wird nie der Form beraubt.[3]

---

[1] Die materia prima darf man sich nicht stofflich vorstellen: sie ist reine Möglichkeit, potentia pura (vgl. sum. theol. I, 7, 2 ad 3; Summa contra gentiles I, 17), „reine Unbestimmtheit" (W. G. Jacobs, Artikel „Formalmaterial", in: Handbuch philosophischer Grundbegriffe, hrsg. von H. Krings u.a., Bd. 2, München 1973, S. 461). –
Zur Ungewordenheit der materia prima vgl. Aristoteles, Physik, I, 9 (192 a 28f.); Metaphysik, III, 4 (999 b 13).

[2] „Es wird nämlich nichts zu ganz und gar Nichtseiendem zerstört, wie auch nichts aus ganz und gar Nichtseiendem entsteht." Summa contra gentiles (ScG), II, 55 (Summe gegen die Heiden, hrsg. und übers. von K. Albert und P. Engelhardt, 2. Bd., Darmstadt 1982, S. 215).

[3] Nichts ist ohne Form: vgl. sum. theol. I, 5, 5 ad 3; De ente et essentia, c. 4 (Über Seiendes und Wesenheit, lat.-dt., hrsg. von H. Seidl, Hamburg [Meiner] 1988, S. 38/39); Quodl. 3, q. 1 a. 1. – Vgl. Sent. II d.12 q. 1 a. 4; Avicenna, Metaphysik, tract. II, c. 3 (Avicenna Latinus, Liber de Philosophia prima sive Scientia divina [Metaphysica], I-IV, ed. S. Van Riet, Louvain/Leiden 1977, S. 82ff.; dt.: Die Metaphysik Avicennas, übers. von M. Horten, unv. Nachdruck Frankfurt a.M. 1960, S. 119ff.); Algazel (al-

Ergo materia ab aeterno fuit perfecta formis suis, quibus species constituuntur; ergo universum ab aeterno fuit, cujus istae species sunt partes.

Et haec est ratio ARISTOTELIS in 1 *Physicorum*.

2. Praeterea, quod non habet contrarium, non est corruptibile nec generabile; quia generatio est ex contrario, et corruptio in contrarium. Sed caelum non habet contrarium, cum motui ejus nihil contrarietur. Ergo caelum non est generabile nec corruptibile: ergo semper fuit et semper erit.

Et haec est ratio PHILOSOPHI in 1 *Caeli et mundi*.

3. Praeterea, secundum positionem fidei, substantia mundi ponitur incorruptibilis. Sed omne incorruptibile est ingenitum. Ergo mundus est ingenitus: *ergo fuit semper*.

Probatio mediae. Omne quod est incorruptibile, habet virtutem quod <ed. Vivès, ed. Mandonnet: *ut*> sit semper. Sed illud quod habet virtutem quod sit semper, non invenitur quandoque ens et quandoque non ens; quia sequeretur quod simul esset ens et non ens: toto enim tempore aliquid est ens ad quod virtus sua essendi determinatur; unde si habet virtutem ut sit in omni tempore, in omni tempore est: et ita, si ponatur aliquando non esse, sequitur quod simul sit et non sit. Ergo nullum incorruptibile est quandoque ens et quandoque non ens. Sed omne generabile est hujusmodi. Ergo etc.

Also war die Materie von Ewigkeit her durch ihre Formen vollendet, durch die die Arten konstituiert werden; also war das Universum, von dem diese Arten Teile sind, von Ewigkeit.
Und das ist das Argument des ARISTOTELES im 1. Buch der *Physik*.[4]

2. Außerdem: Was kein Gegenteil hat, kann weder vergehen noch entstehen; denn Entstehen geschieht aus dem Gegenteil, und Vergehen ins Gegenteil.[5] Aber der Himmel hat kein Gegenteil, da seiner Bewegung nichts entgegensteht. Also kann der Himmel weder entstehen noch vergehen: also war er immer und wird immer sein.
Und das ist die Überlegung des PHILOSOPHEN im ersten Buch *Über den Himmel*.[6]

3. Außerdem: Nach der Auffassung des Glaubens gilt die Substanz der Welt als unvergänglich. Alles Unvergängliche aber ist nicht entstanden. Also ist die Welt nicht entstanden.[7]
Beweis des Mittelsatzes: Alles, was unvergänglich ist, hat die Fähigkeit, immer zu sein. Was aber die Fähigkeit hat, immer zu sein, erweist sich nicht einmal als seiend, ein andermal als nichtseiend. Denn daraus würde folgen, daß es zugleich seiend und nichtseiend wäre: zu jeder Zeit nämlich ist etwas Seiendes das, wozu seine Seinsfähigkeit[8] bestimmt wird. Wenn es also die Fähigkeit hat, zu aller Zeit zu sein, ist es zu aller Zeit: und demnach, wenn man annimmt, es sei irgendwann nicht, folgt, daß es gleichzeitig ist und nicht ist. Also ist kein Unvergängliches einmal seiend, ein andermal nicht seiend. Alles aber, was entstehen kann, ist von solcher Art. Also, usw.

Ghazzali), Philosophia, I, tract. 1, c. 4 (Algazel, Logica et Philosophia, Venedig 1506, unv. Nachdruck Frankfurt a.M. 1969); Moses Maimonides: Führer der Unschlüssigen, III, 8 (Hamburg [Meiner] 1972, Bd. 2, S. 34) und Boethius, De trinitate (= Traktat I, c. 2, in: Boethius, Die Theologischen Traktate, übers. von M. Elsässer, Hamburg [Meiner] 1988, S. 9): „Denn alles Sein ist aus Form." (Nicht materiell zu verstehen, also vielleicht besser: kraft der Form, durch die Form.)

[4] Aristoteles: Physik, I, 9 (192 a 28).
[5] Aristoteles: Physik, I, 5.
[6] Aristoteles: De caelo, I, 3 (270 a 12-22).
[7] Den Zusatz der ed. Parm. „ergo fuit semper" lassen wir, hierin ed. Vivès und ed. Mandonnet folgend, weg.
[8] Lat. „virtus essendi". Zu diesem Ausdruck vgl. E. Gilson, Virtus essendi, in: Mediaeval Studies, 26 (1964), S. 1-11.

Et haec est ratio PHILOSOPHI in 1 *De caelo et mundo*.

4. Praeterea, omne quod alicubi est ubi prius nihil erat, est in eo quod prius fuit vacuum: quia vacuum est in quo potest esse corpus, cum nihil sit ibi. Sed si est mundus factus ex nihilo; ubi nunc est mundus, prius nihil erat. Ergo ante mundum fuit vacuum. Sed vacuum esse est impossibile, ut probatur in 4 *Physicorum*, et ut multa experimenta sensitiva demonstrant in multis ingeniis quae per hoc fiunt quod natura non patitur vacuum. Ergo impossibile est mundum incepisse.

Et haec ratio est COMMENTATORIS in 3 *Caeli et mundi*.

II.

5. Idem potest argui ex parte temporis sic. Omne quod est semper in principio et fine sui, semper fuit et semper erit: quia post principium est aliquid, et ante finem. Sed tempus semper est in eo quod est principium temporis et finis; quia nihil est temporis nisi nunc, cujus definitio est quod sit finis praeteriti, et principium futuri. Ergo videtur quod semper fuit tempus, et semper erit; et ita motus, et mobile, et totus mundus.

Et haec est ratio PHILOSOPHI in 8 *Physicorum*.

Und das ist die Beweisführung des PHILOSOPHEN im ersten Buch *Über den Himmel*.⁹

4. Außerdem: Alles, was irgendwo ist, wo vorher nichts war, ist darin, wo vorher der leere Raum war: denn der leere Raum ist, worin ein Körper sein kann, während dort nichts ist. Aber wenn die Welt aus nichts geschaffen ist, war, wo jetzt die Welt ist, vorher nichts. Also war vor der Welt der leere Raum. Es ist aber unmöglich, daß es einen leeren Raum gibt, wie im vierten Buch der *Physik* dargelegt wird¹⁰ und wie viele sinnfällige Erfahrungen an vielen Vorrichtungen beweisen, die dadurch funktionieren, daß die Natur kein Vakuum zuläßt. Also ist es unmöglich, daß die Welt angefangen hat.

Und das ist das Argument des KOMMENTATORS¹¹ im [Kommentar zum] dritten Buch *Über den Himmel*.

II.

5. Dasselbe kann von der Zeit her so bewiesen werden. Alles, was immer in seinem Anfang und seinem Ende ist, war immer und wird immer sein: weil nach dem Anfang etwas [da] ist, und vor dem Ende [auch].¹² Die Zeit aber ist immer in dem, was der Anfang der Zeit und ihr Ende ist; denn es gibt keine Zeit außer dem Jetzt, dessen Definition ist, das Ende der Vergangenheit und der Anfang der Zukunft zu sein.¹³ Also scheint es, daß die Zeit immer war und immer sein wird; und so auch die Bewegung und das Bewegbare und die ganze Welt. Und das ist das Argument des PHILOSOPHEN im 8. Buch der *Physik*.¹⁴

---

9   Aristoteles: De caelo, I ,11 (280 b 25 - 281 a 4), 12 (281 b 20 - 282 a 4). (Gegen Platons Lehre im „Timaios", 41 a-b, vgl. De caelo, I, 10, 280 a 28-32.) Vgl. sum. theol. I, 46, 1 obj. 2.
10 Aristoteles: Physik, IV, 6-9.
11 Averroes: Aristotelis opera cum Averrois commentariis, De caelo, III, Text 29 (Venedig 1562-1574, unv. Nachdruck Frankfurt a.M. 1962, Bd. 5, f. 199r - 200r).
12 Vgl. sum. theol. I, 46, 1 obj. 7: „Was immer im Anfang ist und immer im Ende, kann weder anfangen noch aufhören, denn was anfängt, ist nicht an seinem Ende, und was aufhört, ist nicht an seinem Anfang. Die Zeit aber ist immer in ihrem Anfang und Ende; denn die Zeit hat nur das Jetzt ..." (Deutsche Thomas-Ausgabe [DThA], Bd. 4, S. 53.)
13 Aristoteles: Physik, IV, 13 (222 a 12).
14 Aristoteles: Physik, VIII, 1 (251 a 27 f., 251 b 9 f., 251 b 19-23).

6. Praeterea, omne id quod nunquam potest demonstrari ut stans, sed semper ut fluens, habet aliquid ante se a quo fluit. Sed nunc non potest demonstrari ut stans, sicut punctus, sed semper ut fluens; quia ratio tota temporis est in fluxu et successione. Ergo oportet ante quodlibet nunc ponere aliud nunc: ergo impossibile est imaginari tempus habuisse primum nunc: ergo tempus semper fuit, et ita ut prius.
Et haec est ratio COMMENTATORIS ibidem.

7. Praeterea, creator mundi aut praecedit mundum tantum natura, aut etiam duratione. Si natura tantum, sicut causa effectum; ergo quandocumque fuit creator, fuit creatura; et ita mundus ab aeterno. Si autem duratione; prius autem et posterius in duratione causat rationem temporis: ergo ante totum mundum fuit tempus: et hoc est impossibile; quia tempus est accidens motus, nec est sine motu. Ergo impossibile est mundum non semper fuisse.
Et haec est ratio AVICENNAE in sua *Metaphysica*.

III.

8. Idem potest ostendi ex parte motus. Impossibile enim est novam relationem esse inter aliqua nisi aliqua mutatione facta circa alterum eorum; sicut patet in <ae>qualitate; non enim aliqua fiunt de novo aequalia, nisi altero extremorum augmentato vel diminuto.
Sed omnis motus importat relationem moventis ad motum, quae relative opponuntur. Ergo impossibile est motum esse novum, nisi prae-

6. Alles, was nie als stehend, sondern immer nur als fließend bestimmt werden kann, hat vor sich etwas, von dem es herfließt. Das Jetzt aber kann nie als stehend bestimmt werden, wie der Punkt, sondern immer [nur] als fließend; denn der ganze Zeitbegriff liegt in Fluß und Abfolge. Also muß man vor jedem Jetzt ein anderes Jetzt ansetzen: Folglich kann man sich unmöglich vorstellen, die Welt habe ein erstes Jetzt gehabt: und folglich war die Zeit immer, und so [ergibt sich der weitere Beweis] wie oben.

Und das ist das Argument des KOMMENTATORS an derselben Stelle.[15]

7. Außerdem: Der Schöpfer der Welt geht der Welt entweder nur dem Wesen oder auch der Dauer nach voraus. Wenn nur dem Wesen nach, wie die Ursache der Wirkung, dann war, wenn der Schöpfer, auch immer das Geschöpf; und so die Welt von Ewigkeit her. Wenn aber der Dauer nach – das Vorher und Nachher in der Dauer macht ja den Zeitbegriff aus –: so war vor der ganzen Welt die Zeit; und das ist unmöglich, weil die Zeit ein Akzidens der Bewegung und demnach nicht ohne Bewegung ist. Also ist es unmöglich, daß die Welt nicht immer gewesen ist.

Und das ist das Argument AVICENNAS in seiner *Metaphysik*.[16]

III.

8. Dasselbe kann von der Bewegung her gezeigt werden. Denn es kann unmöglich eine neue Beziehung zwischen irgendwelchen Dingen geben ohne irgendeine Veränderung an einem von ihnen. Das ist z.B. bei der Gleichheit[17] offensichtlich. Denn Gleichheit stellt sich erst wieder her, wenn eines der beiden Entgegengesetzten vermehrt oder vermindert wird.

Jede Bewegung bedeutet aber eine Beziehung des Bewegenden zum Bewegten, die in relativem Gegensatz zueinander stehen. Folglich kann es keine neue Bewegung geben, wenn nicht irgendeine Verände-

---

[15] Averroes: De Physico Auditu, VIII, Text 11 (a.a.O. – s. Anm. 11 –, Bd. 4, f. 346v - 347r).

[16] Avicenna: Metaphysik, tract. IX, c. 1 (a.a.O. – s. Anm. 3 –, ed. S. Van Riet, V-X, Louvain/Leiden 1980, S. 443ff.; Horten [hier: IX, 3], S. 553ff.). – Vgl. sum. theol. I, 46, 1 obj. 8.

[17] Mit ed. Vivès und ed. Mandonnet ziehen wir die Lesart „sicut patet in aequalitate" statt „sicut patet in qualitate" vor.

cedat aliqua mutatio vel in movente vel in moto: sicut quod unum approximetur ad alterum, vel aliquid aliud hujusmodi.
Ergo ante omnem motum est motus; et sic motus est ab aeterno, et mobile, et mundus.
Et haec est ratio PHILOSOPHI, in 8 *Physicorum.*

9. Praeterea, omne illud cujus motus quandoque est et quandoque quiescit, reducitur ad aliquem motum continuum, qui semper est: quia hujus successionis, quae est ex vicissitudine motus et quietis, non potest esse causa aliquid eodem modo se habens; quia idem eodem modo se habens, semper facit idem.
Ergo oportet quod causa hujus vicissitudinis sit aliquis motus qui non est semper; et sic oportet quod <ed. Vivès, ed. Mandonnet: *aliquis motus qui, si non est semper, opertet quod*> habeat aliquem motum praecedentem: et cum non sit abire in infinitum, oportet devenire ad aliquem motum qui semper est; et sic idem quod prius.
Et haec ratio est COMMENTATORIS in 8 *Physicorum.*
Idem potest etiam extrahi ex verbis PHILOSOPHI. Inducit etiam hanc rationem COMMENTATOR in 7 *Metaphysicorum*, ad ostendendum, quod si mundus esset factus, oporteret quod hic mundus esset pars alterius mundi, cujus motu accideret variatio in mundo isto, sive in vicissitudine motus et quietis, sive in vicissitudine esse et non esse.

10. Praeterea, generatio unius est corruptio alterius. Sed nihil corrumpitur nisi generetur prius. Ergo ante omnem generationem est generatio, et ante omnem corruptionem corruptio. Sed haec non potuerunt esse, nisi mundo existente. Ergo mundus semper fuit.

rung im Bewegenden oder im Bewegten vorhergeht: wie z.B. daß das eine sich dem anderen annähert, oder etwas anderes dergleichen.
Also gibt es vor jeder Bewegung eine Bewegung; und so ist die Bewegung von Ewigkeit her, und [ebenso] das Bewegbare und die Welt. Und das ist das Argument des PHILOSOPHEN im 8. Buch der *Physik*.[18]

9. Außerdem: Alles, dessen Bewegung einmal ist und ein andermal ruht, läßt sich auf irgendeine kontinuierliche Bewegung zurückführen, die immer ist: denn für diese Abfolge, die aus dem Wechsel von Ruhe und Bewegung herrührt, kann nicht etwas der Grund sein, was sich auf dieselbe Weise verhält. Dasselbe, das sich auf dieselbe Weise verhält, bringt nämlich immer dasselbe hervor.[19]
Also muß der Grund dieses Wechsels irgendeine Bewegung sein, die nicht immer ist; und so muß diese irgendeine vorausgehende Bewegung haben: Und da man nicht ins Unendliche fortgehen kann, muß man zu irgendeiner Bewegung kommen, die immer ist; und so [folgt] dasselbe wie vorher.
Und das ist das Argument des KOMMENTATORS im [Kommentar zum] 8. Buch der *Physik*.[20]
Dasselbe kann auch den Worten des PHILOSOPHEN entnommen werden. Auch dieses Argument führt der KOMMENTATOR im [Kommentar zum] 7. Buch der *Metaphysik* an, um zu zeigen, daß, wenn die Welt geschaffen wäre, diese Welt Teil einer anderen Welt sein müßte, durch deren Bewegung eine Veränderung in dieser Welt einträte, sei es im Wechsel von Bewegung und Ruhe, sei es im Wechsel von Sein und Nicht-Sein.

10. Außerdem: Das Entstehen des einen ist das Vergehen des anderen.[21] Es vergeht aber nichts, wenn es nicht vorher entsteht. Also gibt es vor jedem Entstehen Entstehen und vor jedem Vergehen Vergehen. Aber das hätte nicht sein können ohne eine existierende Welt. Also war die Welt immer.

---

18 Aristoteles: Physik, VIII, 1 (251 b 5 -10).
19 Also nicht einmal Ruhe, einmal Bewegung. Vgl. Aristoteles, De gen. et corr., II, 10 (336 a 27f.).
20 Averroes: De Physico Auditu, VIII, Text 9 (a.a.O. – s. Anm. 11 –, Bd. 4, f. 344 v - 345v).
21 Vgl. Aristoteles: De gen. et corr., I, 3 (318 a 23-25).

Et haec est ratio PHILOSOPHI in 1 *De generatione*.

IV.

11. Idem potest ostendi ex parte ipsius moventis vel agentis. Omnis enim actio vel motus quae est ab agente vel movente non moto, oportet quod sit semper. Sed primum agens vel movens est omnino immobile. Ergo oportet quod actio ejus et motus ejus sit semper.

Prima sic probatur. Omne quod agit vel movet postquam non agebat vel movebat, educitur de potentia in actum, quia unumquodque agit secundum id quod est in actu: unde si agit postquam non agebat, oportet quod sit aliquid in actu in eo quod prius erat in potentia. Sed omne quod educitur de potentia in actum movetur. Ergo omne quod agit postquam non agebat, movetur.

Et haec ratio potest extrahi ex verbis PHILOSOPHI, in 8 *Physicorum*.

12. Praeterea, Deus aut est agens per voluntatem, aut per necessitatem naturae. Si per necessitatem naturae, cum talia sint determinata ad unum, oportet quod ab eo semper idem fiat: unde si ab eo mundus est aliquando factus, necesse est mundum esse aeternum.

Si autem agens per voluntatem; omnis autem voluntas non incipit agere de novo nisi aliquis motus fiat in volente, vel ab aliquo impediente, quod prius erat et postmodum cessat, vel ex eo quod excitatur

Und das ist das Argument des PHILOSOPHEN im ersten Buch *Über Entstehen und Vergehen*.[22]

IV.

11. Dasselbe läßt sich vom Bewegenden bzw. Wirkenden her selbst zeigen. Jede Tätigkeit bzw. Bewegung nämlich, die von einem unbewegt Wirkenden oder Bewegenden herrührt, muß immer sein. Das erste Wirkende oder Bewegende aber ist ganz und gar unbeweglich. Also muß seine Tätigkeit und seine Bewegung immer sein.

Der Obersatz wird auf folgende Weise bewiesen. Alles, was wirkt oder bewegt, nachdem es [zuvor] nicht wirkte oder bewegte, wird aus der Möglichkeit in die Wirklichkeit überführt, weil ein jedes wirkt, insofern es in Wirklichkeit ist. Wenn es daher wirkt, nachdem es [zuvor] nicht wirkte, so muß in ihm etwas wirklich sein, was vorher möglich war. Alles aber, was aus der Möglichkeit in die Wirklichkeit überführt wird, wird bewegt. Folglich wird alles, was wirkt, nachdem es [zuvor] nicht wirkte, bewegt.

Und dieses Argument läßt sich den Worten des PHILOSOPHEN im 8. Buch der *Physik* entnehmen.[23]

12. Außerdem: Gott wirkt entweder willentlich oder durch Naturnotwendigkeit. Wenn durch Naturnotwendigkeit, muß er, da solches auf eines festgelegt ist[24], immer dasselbe machen. Wenn also die Welt irgendwann von ihm geschaffen wurde, ist sie notwendigerweise ewig.

Wenn Gott aber willentlich wirkt, jeder Wille aber nur von neuem zu wirken beginnt, wenn irgendeine Bewegung geschieht im Wollenden, oder von irgendeinem Hindernden[25], das erst da war und später weg-

---

[22] Aristoteles: De gen. et corr., I, 3 (319 a 27f.).
[23] Aristoteles: Physik, VIII, 5 und 6. – Der Gedanke ist: Sollte Gott vor der Welt dasein, so müßte in ihm eine Bewegung vorgehen, nämlich vom potentiell zum aktuell schaffenden. Das aber widerspricht dem Begriff des unbewegten Bewegers.
[24] Vgl. sum. theol. I, 41, 2 c. (DThA, Bd. 3, S. 269); ScG II, 83 (a.a.O. – s. Anm. 2 –, S. 412f.); III, 23 (hrsg. und übers. von K. Allgaier, 3. Bd., Darmstadt 1990, S. 86f.). – Es unterscheidet Natur und Willen, daß dieser so oder anders (nämlich frei), jene dagegen nur in *einer* Richtung (also determiniert) wirken kann. Vgl. Aristoteles, Metaphysik, IX, 2, 5.
[25] Gemäß der Unterscheidung von Bewegung im eigentlichen und im akzidentellen Sinn: Die Schwerkraft bewegt einen auf abschüssigem Gelände

nunc et non prius, aliquo inducente ad agendum quod prius non inducebat: cum ergo voluntas Dei immobiliter eadem maneat, videtur quod non incipiat de novo agere.

Et ista ratio communiter est PHILOSOPHI in 8 *Physicorum*, et AVICENNAE, et COMMENTATORIS.

13. Praeterea, omnis volens quandoque agere et quandoque non agere, oportet quod imaginetur tempus post tempus, discernendo tempus in quo vult agere, a tempore in quo non vult agere. Sed imaginari tempus post tempus, sequitur mutationem vel ipsius imaginationis, vel saltem imaginati, quia successio temporis causatur a successione motus, ut patet ex 4 *Physicorum*.

Ergo impossibile est quod voluntas incipiat aliquem novum motum agere quem non praecedat alius motus.

Et haec est ratio COMMENTATORIS in 8 *Physicorum*.

14. Praeterea, omnis voluntas efficiendi statim producit effectum, nisi desit aliquid illi volito quod sibi postmodum adveniat; sicut si modo habeam voluntatem faciendi ignem cras quando erit frigus, modo isti volito deest praesentia frigoris, qua adveniente, statim faciam ignem, si possum, nisi ad hoc aliquid aliud desit.

Sed Deus habuit voluntatem aeternam faciendi mundum; alias esset mutabilis. Ergo impossibile est quod ab aeterno non fecerit mundum,

fällt, oder daraus, daß er jetzt und nicht früher erregt wird, wobei etwas zum Wirken veranlaßt, was vorher nicht dazu veranlaßte: so scheint es, da ja der Wille Gottes unbeweglich derselbe bleibt[26], daß er nicht von neuem zu wirken beginnt.

Und das ist übereinstimmend das Argument des PHILOSOPHEN im 8. Buch der *Physik*, AVICENNAS[27], und des KOMMENTATORS[28].

13. Außerdem: Alles, was einmal handeln will und ein andermal nicht, muß sich eine Zeit nach einer Zeit vorstellen, wobei es die Zeit, in der es handeln will, unterscheidet von einer Zeit, in der es nicht handeln will. Sich aber eine Zeit nach einer Zeit vorstellen, das geschieht in Folge einer Veränderung, entweder der Vorstellung selbst oder wenigstens des Vorgestellten, weil die Abfolge der Zeit von der Abfolge der Bewegung verursacht wird, wie aus dem 4. Buch der *Physik*[29] erhellt.

Also ist es unmöglich, daß der Wille irgendeine neue Bewegung in Gang zu setzen beginnt, der nicht eine andere Bewegung vorausginge.[30]

Und das ist das Argument des KOMMENTATORS im [Kommentar zum] 8. Buch der *Physik*.

14. Außerdem: Jeder Wille, etwas zu bewirken, bringt seine Wirkung sofort hervor, es sei denn, jenem Gewollten fehlt etwas, was ihm nachher zuteil wird; wie wenn ich z.B. jetzt den Willen habe, morgen Feuer zu machen, wenn es kalt sein wird, so fehlt jetzt diesem Gewollten die Gegenwart der Kälte. Wenn sie kommt, mache ich gleich Feuer, wenn ich kann, wofern nicht dazu irgend etwas anderes fehlt. Gott aber hatte den ewigen Willen, die Welt zu schaffen; sonst wäre er wandelbar. Also ist es unmöglich, daß er die Welt nicht von Ewig-

---

geparkten Wagen in der ersten, das Lockern der Bremse in der zweiten Bedeutung. Vgl. sum. theol. I-II, 53, 3 und Aristoteles, Physik, VIII, 4. – Zur willensanalogen, weil Notwendigkeit ausschließenden Wirkung der hindernden Ursache vgl. sum. theol. I, 115, 6 obj. 3.

26 Vgl. Boethius, Trost der Philosophie (De consolatione philosophiae), III, Gedicht 9, Z. 3 (ed. Gegenschatz/Gigon, München/Zürich 1990, S. 128f.).
27 Avicenna: Metaphysik, tract. IX, c. 1 (a.a.O. – s. Anm. 16 –, ed. S. Van Riet, S. 439; Horten, S. 548).
28 Averroes: De Physico Auditu, VIII, Text 8 (a.a.O. – s. Anm. 11 –, Bd. 4, f. 344rb - 344 vb) und 15 (a.a.O., f. 349ra ff.).
29 Aristoteles: Physik, IV, 11.
30 Vgl. sum. theol. I, 46, 1 obj. 6 (DThA, Bd. 4, S. 52f.).

nisi per hoc quod aliquid mundo deerat quod postmodum advenit. Sed non potuit advenire nisi per actionem aliquam. Ergo oportet quod ante hoc de novo factum praecedat aliqua actio mutationem faciens; et ita a voluntate aeterna nunquam procedat aliquid novum, nisi motu mediante aeterno. Ergo oportet mundum aeternum semper fuisse.
Et haec est ratio COMMENTATORIS, ibidem.

Sed contra:

1. Deus aut est causa substantiae mundi, aut non, sed motus ejus tantum. Si motus tantum, ergo ejus substantia non est creata: ergo est primum principium; et sic erunt plura prima principia et plura increata, quod supra improbatum est.
Si autem est causa substantiae caeli, dans esse caelo; cum omne quod recipit esse ab aliquo, sequatur ipsum in duratione, videtur quod mundus non semper fuerit.

2. Praeterea, omne creatum est ex nihilo factum. Sed omne quod est ex nihilo factum est ens postquam fuit nihil, cum non sit simul ens et non ens. Ergo oportet quod caelum prius non fuerit et postmodum fuerit, et sic totus mundus.

3. Praeterea, si mundus fuit ab aeterno, ergo infiniti dies praecesserunt diem istum. Sed infinita non est transire. Ergo nunquam fuisset devenire ad hunc diem; quod falsum est: ergo etc.

4. Praeterea, cuicumque potest fieri additio, isto potest esse aliquid majus vel plus. Sed diebus qui praecesserunt, potest fieri dierum additio. Ergo tempus praeteritum potest esse majus quam sit. Sed infinito non est majus, nec potest esse. Ergo tempus praeteritum non est infinitum.

keit her geschaffen hat, es sei denn deswegen, weil der Welt etwas fehlte, was ihr nachher zuteil wurde. Es konnte ihr aber nicht zuteil werden, es sei denn durch irgendeine Bewegung. Also muß vor diesem neu Geschaffenen irgendeine Bewegung vorausgehen, die eine Veränderung bewirkt; und so ginge vom ewigen Willen nie etwas Neues aus, es sei denn vermittels einer ewigen Bewegung. Also muß die ewige Welt immer gewesen sein.

Und das ist das Argument des KOMMENTATORS an derselben Stelle.

Dagegen:

1. Gott ist entweder die Ursache der Weltsubstanz, oder nicht, sondern nur ihrer Bewegung.

Wenn nur ihrer Bewegung, dann ist ihre Substanz nicht geschaffen: folglich ist sie erstes Prinzip; und so gäbe es mehrere erste Prinzipien und mehreres Ungeschaffene, was oben widerlegt wurde.[31]

Wenn er aber die Ursache der Himmelssubstanz ist, indem er dem Himmel Sein gibt: so scheint es – da alles, was sein Sein von einem anderen empfängt, diesem in der Dauer folgt –, daß die Welt nicht immer war.

2. Außerdem: Alles Geschaffene ist aus nichts geschaffen. Alles aber, was aus nichts geschaffen ist, ist seiend, nachdem [es] nichts war, da es nicht gleichzeitig seiend und nicht-seiend ist. Also muß der Himmel vorher nicht gewesen und dann gewesen sein, und so die ganze Welt.

3. Außerdem: Wenn die Welt von Ewigkeit her war, dann gingen dem heutigen Tag unendlich viele Tage voraus. Aber Unendliches kann man nicht durchschreiten.[32] Also wäre man nie bis zum heutigen Tag gekommen, was falsch ist: folglich, usw.

4. Außerdem: Im Vergleich zu einem jeden, zu dem etwas hinzugefügt werden kann, kann es etwas geben, was größer oder mehr ist. Zu den verflossenen Tagen aber kann eine Addition von Tagen erfolgen. Also kann die vergangene Zeit größer sein, als sie ist. Ein Größeres als das Unendliche aber gibt es nicht und kann es nicht geben. Also ist die vergangene Zeit nicht unendlich.

---

[31] Sent. II d. 1 q. 1 a. 1.
[32] Vgl. sum. theol. I, 46, 2 obj. 6; ScG II, 38 (a.a.O. – s. Anm. 2 –, S. 138f.). – Vgl. Aristoteles, Zweite Analytik, I, 3 (72 b 10f.), I, 22 (82 b 38f.); Metaphysik, XI, 10 (1066 a 35); De caelo, I, 5 (272 a 3, 28f.).

5. Praeterea, si mundus fuit ab aeterno, ergo et generatio fuit ab aeterno tam hominum quam animalium. Sed omnis generatio habet generans et generatum; generans autem est causa efficiens generati; et sic in causis efficientibus est procedere in infinitum, quod est impossibile, ut probatur in 2 *Metaphysicorum*. Ergo impossibile est generationem semper fuisse, et mundum.

6. Praeterea, si mundus semper fuit, homines semper fuerunt. Ergo infiniti homines sunt mortui ante nos. Sed homine moriente non moritur anima ejus, sed manet. Ergo modo sunt infinitae animae in actu a corporibus absolutae. Sed impossibile est infinitum esse in actu, ut in 3 *Physicorum* probatur. Ergo impossibile est mundum semper fuisse.

7. Praeterea, impossibile est aliquid Deo aequiparari. Sed si mundus semper fuisset, aequipararetur Deo in duratione. Ergo hoc est impossibile.

8. Praeterea, nulla virtus finita, est ad operationem infinitam. Sed virtus caeli est virtus finita, cum magnitudo ejus finita sit, et impossibile sit a magnitudine finita esse virtutem infinitam. Ergo impossibile est quod motus ejus fuerit in tempore infinito, et similiter impossibile est ut esse ejus tempore infinito duraverit: quia duratio rei non excedit virtutem quam habet ad esse: et sic incepit quandoque.

9. Praeterea, nullus dubitat quin Deus natura praecedat mundum. Sed in Deo idem est natura et duratio sua. Ergo duratione Deus mundum praecedit <ed. Vivès, ed. Mandonnet: *praecedebat*>. Ergo mundus non fuit ab aeterno.

Respondeo dicendum, quod circa hanc quaestionem est triplex positio.

5. Außerdem: Wenn die Welt von Ewigkeit her war, dann war auch die Zeugung der Menschen sowohl als auch der Tiere von Ewigkeit her. Jede Zeugung aber hat ein Zeugendes und ein Gezeugtes; das Zeugende aber ist die Wirkursache des Gezeugten; und so kommt man bei den Wirkursachen ins Unendliche, was unmöglich ist, wie im zweiten Buch [Kap. 2] der *Metaphysik* bewiesen wird. Also ist es unmöglich, daß es die Zeugung und die Welt immer gegeben hat.

6. Außerdem: Wenn es die Welt immer gab, gab es die Menschen immer. Also sind vor uns unendlich viele Menschen gestorben. Wenn aber ein Mensch stirbt, stirbt seine Seele nicht, sondern sie bleibt. Also gibt es jetzt in actu[33] unendlich viele von ihren Körpern getrennte Seelen. Es ist aber unmöglich, daß es Unendliches in actu[34] gibt, wie im dritten Buch [Kap. 5-8] der *Physik* bewiesen wird. Also ist es unmöglich, daß die Welt immer war.

7. Außerdem: Es ist unmöglich, daß irgend etwas Gott gleichkommt. Aber wenn die Welt immer gewesen wäre, käme sie Gott in der Dauer gleich. Also ist das unmöglich.[35]

8. Außerdem: Keine endliche Kraft ist zu einer unendlichen Tätigkeit tauglich. Die Kraft des Himmels aber ist eine endliche, da seine Größe endlich und es unmöglich ist, daß von einer endlichen Größe eine unendliche Kraft kommt. Also ist es unmöglich, daß seine Bewegung in unendlicher Zeit war, und entsprechend unmöglich ist es, daß sein Sein unendliche Zeit gedauert hat; denn die Dauer einer Sache übertrifft nicht ihre Kraft zu sein: Und so hat sie irgendwann begonnen.

9. Außerdem: Niemand zweifelt daran, daß Gott dem Wesen nach der Welt vorgeht. Aber in Gott sind sein Wesen und seine Dauer dasselbe. Also geht Gott in der Dauer der Welt vor[aus]. Also war die Welt nicht von Ewigkeit her.

[Antwort]

Zu dieser Frage gibt es drei Positionen.

---

[33] Vgl. das aristotelische Begriffspaar „in actu" (wirklich, aktuell) – „in potentia" (der Möglichkeit nach, potentiell). (Aristoteles, Metaphysik, IX.)

[34] Zur Frage des „infinitum in actu" vgl. A. Maier, Diskussionen über das aktuell Unendliche in der ersten Hälfte des 14. Jahrhunderts, in: dies., Ausgehendes Mittelalter, Bd. 1, Rom 1964, S. 41-85.

[35] Vgl. sum. theol. I, 46, 2 obj. 5.

Prima est philosophorum, qui dixerunt, quod non solum Deus est ab aeterno, sed etiam aliae res; sed differenter: quia quidam ante ARISTOTELEM posuerunt quod mundus est generabilis et corruptibilis, et quod ita est de toto universo sicut de aliquo particulari alicujus speciei, cujus unum individuum corrumpitur, et aliud generatur.
Et haec fuit opinio EMPEDOCLIS.
Alii dixerunt, quod res fuerunt quiescentes tempore infinito, et per intellectum coeperunt moveri, extrahentem et segregantem unum ab alio.
Et haec fuit opinio ANAXAGORAE.
Alii dixerunt, quod res ab aeterno movebantur motu inordinato, et postea reductae sunt ad ordinem, vel casu, sicut ponit DEMOCRITUS, quod corpora indivisibilia ex se mobilia casu adunata sunt ad invicem, vel a creatore, et hoc ponit PLATO, ut dicitur in 3 *Caeli et mundi*.
Alii dixerunt, quia <ed. Vivès, ed. Mandonnet: *quod*> res fuerunt ab aeterno secundum illum ordinem quo modo sunt; et ista est opinio ARISTOTELIS, et omnium philosophorum sequentium ipsum; et haec opinio inter praedictas probabilior est: tamen omnes sunt falsae et haereticae.

Secunda positio est dicentium, quod mundus incepit esse postquam non fuerat, et similiter omne quod est praeter Deum, et quod Deus non potuit mundum ab aeterno facere, non ex impotentia ejus, sed quia mundus ab aeterno fieri non potuit, cum sit creatus: volunt etiam quod mundum incepisse, non solum fide teneatur, sed etiam demonstratione probetur.

Die erste ist die der Philosophen, die sagten, daß nicht nur Gott von Ewigkeit her sei, sondern auch andere Dinge; aber auf verschiedene Art. Denn einige haben [ja] vor ARISTOTELES angenommen, die Welt könne entstehen und vergehen, und so sei es mit dem ganzen Universum wie mit irgendeinem Einzelding irgendeiner Art, bei der ein Individuum vergeht und ein anderes entsteht.
Und das war die Meinung des EMPEDOKLES.
Andere sagten, die Dinge hätten unendliche Zeit geruht und durch die Vernunft begonnen, sich zu bewegen, wobei sie das eine aus dem anderen herauszog und von ihm trennte.
Und das war die Meinung des ANAXAGORAS.
Andere sagten, die Dinge hätten sich von Ewigkeit her in ungeordneter Bewegung bewegt, und später wären sie in Ordnung überführt worden – sei es durch Zufall, wie DEMOKRIT annimmt, daß [nämlich] die selbstbeweglichen unteilbaren Körper durch Zufall miteinander verbunden wurden, sei es vom Schöpfer, und das nimmt PLATON an, wie es im dritten Buch *Über den Himmel* heißt.[36]
Andere sagten, die Dinge seien von Ewigkeit her in derjenigen Ordnung gewesen, in der sie jetzt sind; und das ist die Meinung des ARISTOTELES und aller Philosophen, die ihm folgen; und diese Meinung ist unter den vorgenannten die wahrscheinlichere. Dennoch sind alle falsch und häretisch.

Die zweite Position ist die derer, die sagen, die Welt habe zu sein begonnen, nachdem sie nicht gewesen war, und entsprechend alles, was außer Gott ist, und daß Gott die Welt nicht von Ewigkeit her habe erschaffen können, nicht aus einem Unvermögen seinerseits, sondern weil die Welt, da sie geschaffen ist, nicht von Ewigkeit her habe geschaffen werden können.[37] Sie behaupten sogar, daß die Welt angefangen habe, sei nicht nur zu glauben, sondern auch zu beweisen.

---

36 Aristoteles: De caelo, III, 2 (300 b 16-18). Vgl. Platon, Timaios, 30 a. – Thomas stützt sich für seine Kenntnis Platons und der Vorsokratiker auf Aristoteles: Platon gilt ihm sozusagen als „Voraristoteliker". – Für die oben referierten Positionen von Empedokles und Anaxagoras vgl. Aristoteles, De caelo, I, 10 (279 b 12-16, 280 a 11-23), Metaphysik, III, 4 (1000 b 18f.) bzw. Physik, VIII, 1 (250 b 24ff., 252 a 14ff.), De caelo, III, 2 (301 a 11-13).

37 Die Unmöglichkeit bestünde also nicht „ex parte Dei creantis", sondern

Tertia positio est dicentium, quod omne quod est praeter Deum, incepit esse; sed tamen Deus potuit res ab aeterno produxisse; ita quod mundum incepisse non potuit demonstrari, sed per revelationem divinam esse habitum et creditum.

Et haec positio innititur auctoritati GREGORII, qui dicit quod quaedam prophetia est de praeterito, sicut MOYSES prophetizavit cum dixit *Genes.* 1: „In principio creavit Deus caelum et terram." Et huic positioni consentio: quia non credo, quod a nobis possit sumi ratio demonstrativa ad hoc; sicut nec ad Trinitatem, quamvis Trinitatem non esse sit impossibile; et hoc ostendit[ur] debilitas rationum quae ad hoc inducuntur pro demonstrationibus, quae omnes a philosophis tenentibus aeternitatem mundi positae sunt et solutae: et ideo potius in derisionem quam in confirmationem fidei vertuntur si quis talibus rationibus innixus contra philosophos novitatem mundi probare intenderet.

Dico ergo, quod ad neutram partem quaestionis sunt demonstrationes, sed probabiles vel sophisticae rationes ad utrumque. Et hoc significant verba PHILOSOPHI dicentis quod sunt quaedam problemata de quibus rationem non habemus, ut utrum mundus sit aeternus; unde

Die dritte Position ist die derer, die sagen, daß alles, was außer Gott sei, zu sein angefangen habe; daß aber dennoch Gott die Dinge von Ewigkeit her habe hervorbringen können; so daß[38] nicht bewiesen werden könne, daß die Welt angefangen habe, sondern das habe und glaube man durch die göttliche Offenbarung.
Und diese Position stützt sich auf die Autorität GREGORS [DES GROSSEN][39], der sagt, es gäbe eine Prophezeiung der Vergangenheit, wie z.B. MOSES prophetisch redete, als er im Buch *Genesis*, Kap. 1 [Vers 1] sagte: „Im Anfang schuf Gott Himmel und Erde." Und dieser Position pflichte ich bei: weil ich nicht glaube, daß wir hierfür einen Beweisgrund beibringen können; wie ja auch nicht für die Dreifaltigkeit[40], obwohl es unmöglich ist, daß es die Dreifaltigkeit nicht gibt. Und so zeigt sich die Schwäche der Argumente, die hierfür als Beweise vorgebracht werden. Sie alle sind von den Philosophen, die die Ewigkeit der Welt behaupten, angeführt und entkräftet worden: Und daher gereichen sie dem Glauben eher zum Spott als zur Stärkung, wenn jemand, auf solche Gründe gestützt, die Neuheit der Welt zu beweisen beabsichtigte.

Ich sage also, daß es in dieser Frage für keine der beiden Seiten Beweise gibt, sondern für beides nur wahrscheinliche oder sophistische Gründe. Und das meinen die Worte des PHILOSOPHEN [im ersten Buch der *Topik*][41], daß es gewisse Probleme gibt, für die wir keine Erklärung haben, wie z.B., ob die Welt ewig sei.

„ex parte essentiae a Deo procedentis" – nicht seitens des schaffenden Gottes, sondern seitens des von Gott ausgehenden (geschaffenen) Wesens. Vgl. De pot. 3, 14, c.

[38] Zusatz („Deus potuit ab aeterno res produxisse; ita quod") nur in der ed. Parm. – Zur Textkorrektur an dieser Stelle: P. van Veldhuijsen, The question on the possibility of an eternally created world: Bonaventura and Thomas Aquinas, in: J.B.M. Wissink (Hrsg.): The Eternity of the World in the Thought of Thomas Aquinas and his Contemporaries, Leiden 1990, S. 20-38, hier S. 36, Anm. 52.

[39] Gregorius Magnus: Hom. 1 in Ezech.; PL 76, Sp. 786. – Hier liegen vielleicht die Wurzeln von Friedrich Schlegels berühmtem Wort in den „Athenäums-Fragmenten": „Der Historiker ist ein rückwärts gekehrter Prophet." (Frg. 80, Krit. Ausg., Bd. 2, S. 176.)

[40] Vgl. sum. theol. I, 32, 1; De ver. 10, 13.

[41] Aristoteles: Topik, I, 11 (104 b 12-16). Vgl. dazu die Anmerkung in der Übersetzung von E. Rolfes (Hamburg [Meiner] 1968, S. 206f.), der zu dem Schluß kommt (a.a.O., S. 207): „Man muß also annehmen, daß Ari-

hoc ipse demonstrare nunquam intendit: quod patet ex suo modo procedendi; quia ubicumque hanc quaestionem pertractat, semper adjungit aliquam persuasionem vel ex opinione plurium, vel approbatione rationum, quod nullo modo ad demonstratorem pertinet.

Causa autem quare demonstrari non potest, est ista, quia natura rei variatur secundum quod est in esse perfecto, et secundum quod est in primo suo fieri, secundum quod exit a causa; sicut alia natura est hominis jam nati, et ejus secundum quod est adhuc in materno utero. Unde si quis ex conditionibus hominis nati et perfecti vellet argumentari de conditionibus ejus secundum quod est imperfectus in utero matris existens, deciperetur; sicut narrat RABBI MOYSES, de quodam puero, qui mortua matre, cum esset paucorum mensium, et nutritus fuisset in quadam insula solitaria, perveniens ad annos discretionis, quaesivit a quodam, an homines essent facti, et quomodo; cui cum exponerent ordinem nativitatis humanae, objecit puer hoc esse impossibile, asse-

Er selbst hat daher auch niemals beabsichtigt, das zu beweisen. Das erhellt aus seiner Vorgehensweise; weil er überall, wo er sich mit dieser Frage beschäftigt, stets irgendein Dafürhalten anfügt, sei es aus der Meinung der meisten, sei es aus der Billigung von Argumenten, was keinesfalls die Sache dessen ist, der einen Beweis vorträgt.[42]

Der Grund aber, warum es nicht bewiesen werden kann, ist folgender: Die Natur einer Sache variiert je nachdem, ob sie im vollendeten Sein, oder ob sie in ihrem ersten Werden ist, dem gemäß sie aus ihrer Ursache hervorgeht; so wie die Natur des Menschen, der schon geboren und dessen, der noch im Mutterschoß ist, jeweils eine andere ist. Daher würde man sich täuschen, wollte man von der Lage des geborenen und vollkommenen Menschen aus argumentieren über die Lage dessen, der, noch unvollkommen, im Mutterschoß ist.[43] So erzählt RABBI MOSES[44] von einem Knaben, dem die Mutter starb, als er erst ein paar Monate alt war. Nachdem er auf einer einsamen Insel großgezogen worden war und ins Alter vernünftiger Unterscheidung kam, fragte er jemanden, ob die Menschen erschaffen seien und auf welche Weise. Als man ihm den Hergang der menschlichen Geburt darlegte, wandte der Knabe ein, das sei unmöglich – denn, sagte er, wenn der

---

    stoteles die beiden Momente der Ewigkeit und der Geschaffenheit nicht für unverträglich angesehen, mit anderen Worten, daß er eine anfangslose Schöpfung für denkbar und möglich gehalten hat."

42 Vgl. Aristoteles, De caelo, I, 10 (279 b 4-12), II, 1 (283 b 26ff.). – Ein schlagendes Argument dagegen spräche für sich – es bedürfte keiner Billigung. – Vgl. Moses Maimonides, Führer der Unschlüssigen, II, 15 (Hamburg [Meiner] 1972, Bd. 2, S. 105ff.), II, 23 (a.a.O., S. 159). Die ausführliche Erörterung über die Ewigkeit der Welt bei Moses Maimonides (a.a.O., I, Kap. 74 [Hamburg 1972, Bd. 1, S. 358ff.], II, Kap. 13-29 [a.a.O., Bd. 2, S. 89ff.]) war sicherlich eine wichtige Vorlage für Thomas. Vgl. A. Rohner, Das Schöpfungsproblem bei Moses Maimonides, Albertus Magnus und Thomas von Aquin, Münster 1913 (BGPhMA XI, 5); E.S. Koplowitz, Über die Abhängigkeit Thomas von Aquins von Boethius und R. Mose ben Maimon, Kallmünz 1935 (Diss. Würzburg); J. Haberman, Maimonides and Aquinas. A Contemporary Appraisal, New York 1979, bes. S. 24ff.; A. Wohlman, Thomas d'Aquin et Maïmonide. Un dialogue exemplaire, Paris 1988, S. 23-50.

43 Thomas vertritt bekanntlich die (von der katholischen Moraltheologie inzwischen aufgegebene) Theorie der Sukzessivbeseelung. Vgl. sum. theol. I, 118, 2 ad 2 (und Anm. 94 der DThA, Bd. 8, S. 383).

44 Moses Maimonides: Führer der Unschlüssigen, II, 17 (a.a.O., S. 110-113).

rens, quia homo nisi respiret et comedat, et superflua expellat, nec per unum diem vivere potest; unde nec in utero matris per novem menses vivere potest <ed. Vivès, ed. Mandonnet: *potuit*>.
Similiter errant qui ex modo fiendi res in mundo jam perfecto volunt necessitatem vel impossibilitatem inceptionis mundi ostendere: quia quod nunc incipit esse, incipit per motum; unde oportet quod movens praecedat duratione: oportet etiam quod praecedat natura, et quod sint contrarietates, et haec omnia non sunt necessaria in progressu universi esse a Deo.

1. Ad primum ergo dicendum est, quod materia est ingenita et incorruptibilis, non tamen sequitur quod semper fuerit: quia incepit esse non per generationem ex aliquo sed omnino ex nihilo; et similiter posset deficere si Deus vellet, cujus voluntate materiae et toti mundo esse communicatur.

2. Et similiter dicendum est ad secundum, quod illa ratio procedit de inceptione per generationem et motum; unde illa est ratio contra

Mensch nicht einen einzigen Tag leben kann, ohne zu atmen und zu essen sowie das Überflüssige auszuscheiden, so kann er auch im Mutterschoß nicht neun Monate leben.

Ebenso irren sich die, die aus der Weise, in der die Dinge in der schon fertigen Welt entstehen, die Notwendigkeit oder Unmöglichkeit des Weltbeginns zeigen wollen: denn, was jetzt zu sein beginnt, beginnt durch eine Bewegung; daher muß das Bewegende in der Dauer vorhergehen. Es muß auch im Wesen vorhergehen, und es muß Gegensätze[45] geben. All das aber ist im Ausgang des gesamten Seins von Gott nicht nötig.

Zu 1. Die Materie ist [zwar] nicht entstanden und unvergänglich, dennoch folgt daraus nicht, daß sie immer war: Denn sie hat nicht durch Entstehung aus *etwas* zu sein begonnen, sondern aus ganz und gar *nichts*; und entsprechend könnte sie ins Nichts zurückfallen[46], wenn Gott wollte, durch dessen Willen der Materie und der ganzen Welt das Sein mitgeteilt wird.

Zu 2. Entsprechend ist zu sagen: Dieses Argument geht aus vom Beginn durch Zeugung und Bewegung; daher richtet es sich gegen

---

[45] Ohne Gegensätze vollzieht sich keine Veränderung, keine Bewegung (z.B. von Schwarz zu Weiß, von Mehr zu Weniger). Voraussetzung solcher Gegensätzlichkeit ist aber ein gemeinsames Zugrundeliegendes (z.B. Farbe, Sein). (Vgl. sum. theol. I-II, 23, 2; Aristoteles, Physik, I, 5, V, 5; Platon, Phaidon, 70d ff.) – Der Ausgang des gesamten Seins von Gott, d.h. die Schöpfung, kann in diesen Kategorien nicht gefaßt werden. Der Gegensatz Sein-Nichts, der durch die Schöpfung „überbrückt" wird, fällt aus besagtem Gegensatz heraus, denn es fehlt das zugrundeliegende Gemeinsame. Entsprechend läßt sich Schöpfung nicht als Bewegung denken. Gott als Schöpfer ist nicht Ausgangspunkt einer Bewegung, sondern – nach einer Formel von Cusanus – „oppositorum oppositio sine oppositione", Gegensatz der Gegensätze, ohne daß er selbst noch einmal als Gegensatz faßbar wäre. Vgl. W. Beierwaltes, Art. „Gegensatz. I." im Historischen Wörterbuch der Philosophie, Bd. 3, hier Sp. 111.

[46] Frei übersetzt für „deficere": Die materia prima ist unvergänglich aus der Perspektive uns bekannter Vergehensprozesse, bei denen das, was vergeht, nicht zu nichts wird: z.B. ein Schneemann schmilzt zu Wasser, Holz verbrennt zu Asche. – (Kursive vom Übers.)

EMPEDOCLEM et alios, qui posuerunt caelum generari.

3. Ad tertium dicendum, quod potentia quae nunc est in caelo ad durationem non mensuratur ad determinatum tempus; unde per eam in ante et post potuit infinito tempore esse, si eam semper habuisset: sed hanc potentiam durationis non semper habuit, sed voluntate divina in sua creatione sibi tradita est.

4. Ad quartum dicendum, quod ante creationem mundi non fuit vacuum, sicut neque post: vacuum enim non est tantum negatio sed privatio; unde ad positionem vacui oportet ponere locum vel dimensiones separatas, sicut ponentes vacuum dicebant; quorum nullum ponimus ante mundum. Et si dicatur, quod possibile erat *ante factionem mundi, mundum futurum esse ubi nunc est*, dicendum ad hoc, quod non erat nisi in potestate agentis, ut supra dictum est.

5. Ad quintum dicendum, quod illa ratio est circularis, quod sic patet secundum PHILOSOPHUM. Per prius et posterius in motu, est prius et posterius in tempore; unde quando dicitur, quod omne nunc sit finis prioris, et posterioris principium, supponitur quod omne mo-

EMPEDOKLES und andere, die eine Entstehung[47] des Himmels annahmen.

Zu 3. Die Möglichkeit zur Dauer, die dem Himmel jetzt zukommt, wird nicht nach einer bestimmten Zeit gemessen. Daher hätte er durch sie [die Möglichkeit] im Vorher und Nachher unendliche Zeit sein können, wenn er sie immer gehabt hätte: Aber diese Möglichkeit der Dauer hatte er nicht immer, sondern sie ist ihm durch den göttlichen Willen in seiner Schöpfung verliehen worden.

Zu 4. Vor der Schöpfung der Welt gab es ebensowenig einen leeren Raum wie nachher: Das Vakuum ist nämlich nicht nur Negation, sondern Privation.[48] Daher muß, wer ein Vakuum annimmt, von einem Ort oder von getrennten Dimensionen ausgehen, wie diejenigen sagten, die ein Vakuum annahmen.[49] Nichts dergleichen [d.h. weder einen Ort noch getrennte Dimensionen] aber nehmen wir vor der Welt an. Und wenn gesagt wird, es war <vor der Erschaffung der Welt> *möglich*, <daß die Welt sein würde, wo sie jetzt ist,>[50] so ist hierbei zu bemerken, daß es das, wie oben erwähnt wurde[51], nur in der Macht des Handelnden war.

Zu 5. Jenes Argument ist zirkulär, was dem PHILOSOPHEN gemäß auf folgende Weise erhellt. Durch das Früher und Später in der Bewegung ist das Früher und Später in der Zeit. Wenn daher gesagt wird, daß jedes „jetzt" das Ende der früheren und der Anfang der späteren ist, unterstellt man, daß jeder Zeitpunkt einer Bewegung auf

---

[47] Entstehung, Gezeugtwerden (generatio, generari) im Gegensatz zu Schöpfung, Erschaffenwerden (creatio, creari).
[48] Zum Unterschied von Negation und Privation vgl. Aristoteles, Metaphysik, IV, 2 (1004 a 10ff.): Negation ist Abwesenheit des Negierten (z.B. die Chimäre existiert nicht), Privation ist Abwesenheit von etwas in einem zugrundeliegenden Subjekt (z.B. Homer ist des Augenlichts beraubt). Entsprechend meint der Begriff „Vakuum" nicht „Nicht-Ort", sondern „Ort ohne Körper". – Vgl. ScG I, 71 (hrsg. und übers. von K. Albert und P. Engelhardt, 1. Bd., Darmstadt ²1987, S. 272f.).
[49] „Getrennte Dimensionen": d.h. Ausdehnung ohne Materie – eine Vorstellung, die etwa die Atomisten (Demokrit, Leukipp) vertreten und die von Aristoteles widerlegt wird: Physik, IV, 6-9.
[50] Den in spitze Klammern gesetzten Text <ante factionem mundi, mundum futurum esse ubi nunc est> lassen ed. Vivès und ed. Mandonnet aus.
[51] Vgl. Anm. 37.

mentum motus sequatur quemdam motum, et praecedat quemdam. Unde dico, quod propositio illa non potest probari nisi ex suppositione ejus quod per eam concluditur; et ideo patet quod non est demonstratio.

6. Ad sextum dicendum, quod nunc nunquam intelligitur ut stans sed semper ut fluens; non autem ut fluens a priori, nisi motus praecedat, sed in posterius; nec iterum in posterius sed a priori, nisi motus sequatur. Unde si nunquam sequeretur vel praecederet motus, nunc non esset nunc: et hoc patet in motu particulari, qui sensibiliter incipit, cujus quodlibet momentum est fluens, et tamen aliquod est primum et aliquod ultimum, secundum terminum a quo et in quem.

7. Ad septimum dicendum, quod Deus praecedit mundum non tantum natura sed etiam duratione: non tamen duratione temporis, sed aeternitatis; quia ante mundum non fuit tempus in rerum natura existens, sed imaginatione tantum: quia nunc imaginamur huic tempori finito, ex parte ante Deum potuisse multos annos addidisse quibus omnibus praesens esset aeternitas; et secundum hoc dicitur quod Deus potuit prius facere mundum quam fecerit et majorem et plures.

8. Ad octavum dicendum, quod novitas relationis contingit non ex mutatione moventis sed ex mutatione mobilis, ut large mutatio sumatur pro creatione quae proprie mutatio non est, ut dictum est supra. Unde motum caeli praecedit creatio ejus ad minus natura: creationem autem non praecedit aliqua mutatio, cum sit ex non ente simpliciter. Si tamen supponeretur quod etiam caelum extitisset antequam moveri coepisset, adhuc ratio non procederet: quia intelligendum est quod duplex est relatio.

eine Bewegung folgt und einer Bewegung vorausgeht. Daher sage ich, daß jener Satz nur unter Annahme dessen bewiesen werden kann, was aus ihm gefolgert wird. Und so ist klar, daß es kein Beweis ist.

Zu 6. Das „jetzt" wird niemals als stehend, sondern immer als fließend begriffen; nicht aber als fließend vom Früheren – es sei denn, eine Bewegung geht voraus –, sondern ins Spätere; und wiederum nicht ins Spätere, sondern vom Früheren – es sei denn, eine Bewegung folgt.
Daher wäre, wenn nie eine Bewegung folgte oder vorherginge, das „jetzt" nicht „jetzt"; und das zeigt sich an der besonderen Bewegung, die sinnlich wahrnehmbar beginnt: jeder beliebige Zeitpunkt[52] an ihr ist fließend, und doch ist irgendeiner der erste und irgendeiner der letzte, nämlich als Ausgangs- und Endpunkt.

Zu 7. Gott geht der Welt nicht nur dem Wesen, sondern auch der Dauer nach voraus: aber nicht der Dauer der Zeit, sondern der Ewigkeit. Denn vor der Welt war die Zeit nicht in der Wirklichkeit, sondern nur in der Vorstellung existent: Jetzt nämlich stellen wir uns vor, Gott hätte dieser endlichen Zeit im vorhinein viele Jahre hinzufügen können, denen allen die Ewigkeit gegenwärtig wäre; und demnach sagt man, Gott hätte die Welt früher machen können, als er [sie tatsächlich] gemacht hat, und größer, und mehrere.

Zu 8. Die Neuheit einer Relation ergibt sich nicht aus der Veränderung des Bewegenden, sondern aus der Veränderung des Bewegbaren, um Schöpfung einmal als „Veränderung" im weiteren Sinn aufzufassen, obwohl sie eigentlich, wie oben[53] gesagt wurde, keine Veränderung ist. Daher geht der Bewegung des Himmels seine Erschaffung zum mindesten der Natur nach voraus: Der Schöpfung aber geht keinerlei Bewegung voraus, da sie aus dem Nicht-Seienden schlechthin ist. Wollte man dennoch annehmen, daß auch der Himmel existiert habe, bevor er begonnen habe, sich zu bewegen, wäre das Argument immer noch nicht stichhaltig. Man muß sich nämlich klarmachen, daß es zweierlei Relation gibt.

---

[52] Zum Zeitpunkt („momentum") in Analogie zum Raumpunkt vgl. sum. theol. I, 8, 2 ad 2 und die Anm. 110 im Bd. 1 der DThA, S. 378f.
[53] Sent. II d. 1 q. 1 a. 2 c.

Quaedam est relatio absoluta, sicut in omnibus quae sunt ad aliquid secundum esse ut paternitas et filiatio; et talis relatio non efficitur nova nisi per acquisitionem illius in quo relatio fundatur; unde si acquiratur per motum, talis relatio sequitur motum; sicut similitudo unius ad alterum sequitur alterationem in qualitate supra quam fundatur relatio. Si autem acquiratur per creationem, sequitur creationem, sicut similitudo creaturae ad Deum fundatur <ed. Vivès, ed. Mandonnet: *fundata*> super bonitatem quae per creationem acquiritur, per quam creatura Deo assimilatur.

Quaedam autem relativa sunt quae simul important relationem et fundamentum relationis. Novitas autem talium relationum exigit acquisitionem illius rei quae significatur per nomen, sicut ipsius habitus qui est scientia; et similiter est de relatione quam importat nomen motus, quae efficitur nova per acquisitionem ipsius motus a movente in mobili.

Die eine ist die absolute Relation, wie bei allem, das dem Sein nach auf-etwas-hin ist, wie Vaterschaft und Sohnschaft; eine solche Relation wird nur neu durch den Erwerb dessen, worin die Relation gründet.

Wenn also eine solche Relation durch Bewegung erworben wird, folgt sie der Bewegung, wie die Ähnlichkeit des einen mit dem andern aus einer Veränderung in der Beschaffenheit folgt, auf der die Relation beruht.

Wenn sie aber durch Schöpfung erworben wird, folgt sie der Schöpfung, wie die Ähnlichkeit der Kreatur mit Gott auf der Gutheit beruht, die durch die Schöpfung erworben wird, durch die die Kreatur Gott ähnlich wird.

Es gibt aber Relata, die zugleich die Relation und das Fundament der Relation beinhalten. Die Neuheit solcher Relationen nun erfordert den Erwerb jener Sache, die durch den Namen[54] bezeichnet wird, wie eben des Habitus, der das Wissen ist; und Entsprechendes gilt von der Relation, die der Name „Bewegung" beinhaltet: sie wird neu, indem das Bewegbare vom Bewegenden die Bewegung selbst erwirbt.[55]

---

[54] Über die verschiedenen Verwendungen des Namens, der z.B. sowohl Substanzen wie Qualitäten meinen kann, vgl. sum. theol. I, 13, 1.

[55] Die Aussagen über die Relation bei Thomas sind nicht leicht zu überschauen: Das Thomas-Lexikon von Schütz zählt über 40 Arten der „relatio" auf. – Unter Heranziehung des Kommentars zu Aristoteles, Metaphysik, V, 15 und sum. theol. I, 13, 7 ist unsere Stelle wohl so zu verstehen: Im Gegensatz etwa zur Vater-Sohn-Beziehung, die „absolut" und „real" besteht, bei der also das eine ohne das andere nicht sein kann, gibt es Beziehungen, die nur für das eine Relat konstitutiv sind. So ist die Beziehung von Wissen und Gewußtem für das Wissen konstitutiv, für das Gewußte aber nicht: Der Planet Jupiter wurde von seinen Monden umkreist, auch bevor Galilei vier davon mit seinem Fernrohr entdeckte. Desgleichen besteht zwischen einem Menschen und seinem Porträt eine Beziehung der Abbildlichkeit; diese beginnt mit dem Bild, nicht mit dem Menschen. (Vgl. De ver., 23, 7 ad 11.)
Ähnlich verhält es sich wohl mit der Beziehung der Bewegung zwischen Bewegendem und Bewegtem (wenn man z.B. an einen Satelliten denkt, der in eine Erdumlaufbahn gebracht wird) wie, von Thomas öfters betont, mit der Beziehung Gottes zu den Geschöpfen (vgl. ScG II, 12; sum. theol. I, 6, 2 ad 1; I, 13, 7; I, 45, 3 ad 1). – Die beiden Arten der Relation lassen sich auch als solche „secundum esse" (dem Sein nach) und „secundum dici" (der Aussage nach) fassen (sum. theol. I, 13, 7 ad 1). So wer-

61

9. Ad nonum dicendum, quod hujusmodi vicissitudinis quod quandoque mundus non fuit et postmodum fuit, non est causa efficiens aliquis motus sed aliqua res semper eodem modo se habens, scilicet voluntas divina, quae ab aeterno fuit de hoc quod mundus in esse post non esse exiret.

Et si diceretur, quod idem semper facit idem, dico, quod verum est, si accipiatur agens <ed. Vivès, ed. Mandonnet: *primum agens*> secundum propriam rationem, qua producit determinate hunc effectum. Sicut autem agens naturale determinatur per formam propriam, ut nunquam sequatur actio nisi secundum convenientiam ad formam illam; ita agens voluntarium determinatur ad actionem per propositum voluntatis; unde si voluntas non sit impedibilis nec mobilis, non sequitur effectus nisi secundum hoc quod voluntas proposuit; et hoc est verum quod voluntas divina in hoc quod semper est eadem, semper facit illud quod ab aeterno voluit, quia nunquam causatur; non tamen facit ut sua volita semper sint; quia hoc ipse non vult; unde si hoc faceret, quia faceret illud quod ipse non vult, esset simile ac si calor faceret frigus.

10. Ad decimum dicendum, quod prima individua generabilium et corruptibilium non prodierunt in esse per generationem, sed per creationem; et ideo non oportet quaedam praeextitisse ex quibus creata sint ut sic in infinitum abeatur.

11. Ad undecimum dicendum, quod est duplex agens. Quoddam per necessitatem naturae; et istud determinatur ad actionem per illud quod est in natura ejus; unde impossibile est quod incipiat agere nisi

Zu 9. Für diesen Wechsel, daß die Welt einmal nicht da war und dann schon, ist nicht irgendeine Bewegung die Wirkursache, sondern etwas, das sich immer in derselben Weise verhält, nämlich der göttliche Wille, der von Ewigkeit dahin ging, daß die Welt nach dem Nichtsein ins Sein treten sollte.

Und wenn dagegen gesagt würde, dasselbe macht immer dasselbe, so erwidere ich: Das ist wahr, wenn das Wirkende in seinem eigentlichen Begriff genommen wird, wonach es genau diese Wirkung hervorbringt. Wie nun ein natürliches Wirkendes durch seine eigene Form bestimmt wird, so daß niemals eine Handlung erfolgt, die jener Form nicht gemäß wäre, so wird das willentlich Handelnde durch den Vorsatz seines Willens zur Handlung bestimmt. Wenn daher der Wille weder verhinder- noch wandelbar ist, folgt die Wirkung nur entsprechend dem, was der Wille sich vorgenommen hat.

Und deshalb ist wahr, daß der göttliche Wille, insofern er immer derselbe ist, immer das macht, was er von Ewigkeit her wollte, weil er [selbst] nie [von etwas anderem] verursacht wird.

Dennoch macht er nicht, daß das von ihm Gewollte immer ist, weil er das selbst nicht will. Denn wenn er das täte, wäre das – weil er ja etwas täte, was er selbst nicht will – so ähnlich, wie wenn die Wärme Kälte hervorbrächte.

Zu 10. Die ersten Individuen im Bereich des Zeugbaren und Vergänglichen sind nicht durch Zeugung, sondern durch Schöpfung ins Sein getreten. Daher muß nicht schon vorher etwas existiert haben, woraus sie geschaffen wären, so daß man ins Unendliche käme.

Zu 11. Es gibt zweierlei Wirkendes. Eines durch Naturnotwendigkeit; es wird zur Tätigkeit bestimmt durch dasjenige, was in seiner Natur liegt. Daher kann es unmöglich zu wirken beginnen, wenn es

---

den von Gott Beziehungen zur Kreatur *ausgesagt* (Gott als Schöpfer der Welt, Beweger des Alls), die aber in Gott nicht real *sind* (sondern nur in den Geschöpfen). – Vgl. ScG II, 11 und 12.

Lit.: A. Krempel, La doctrine de la relation chez St. Thomas. Exposé historique et systématique, Paris 1952; M.G. Henninger, Relations. Medieval Theories 1250-1325, Oxford 1989; R. Schönberger, Relation als Vergleich. Die Relationstheorie des Johannes Buridan im Kontext seines Denkens und der Scholastik, Leiden 1994.

per hoc quod educitur de potentia ad actum, vel essentiali vel accidentali.

Aliud est agens per voluntatem, et in hoc distinguendum est: quod quoddam agit actione media quae non est essentia ipsius operantis; et in talibus non potest sequi effectus novus sine nova actione, et novitas actionis facit aliquam mutationem in agente prout est exiens de otio in actum, ut in 2 *De anima* dicitur. Quoddam vero sine actione media vel instrumento, et tale agens est Deus; unde suum velle est sua actio; et sicut suum velle est aeternum, ita et actio: non tamen effectus sequitur nisi secundum formam voluntatis, quae proponit sic vel sic facere; et ideo non exit de potentia in actum; sed effectus qui erat in potentia agente <ed. Vivès, ed. Mandonnet: *agentis*>, efficitur actu ens.

12. Ad duodecimum dicendum, quod in omnibus illis quae agunt propter finem qui est extra voluntatem, voluntas regulatur secundum illum finem; unde secundum ea quae impediunt et juvant ad finem, vult quandoque agere et quandoque non agere. Sed voluntas Dei non dedit esse ipsi universo propter alium finem existentem extra voluntatem ejus, sicut nec movet propter alium finem, ut philosophi conce-

nicht von der (wesentlichen oder akzidentellen) Potenz in den Akt[56] überführt wird.

Das andere ist durch den Willen wirkend, und bei diesem ist zu unterscheiden: einmal wirkt es nämlich durch eine vermittelnde Tätigkeit[57], die nicht das Wesen des Handelnden selbst ist; und in derartigem kann keine neue Wirkung erfolgen ohne eine neue Handlung, und die Neuheit der Handlung bewirkt irgendeine Veränderung im Handelnden, insofern er aus Ruhe in Tätigkeit übergeht, wie im zweiten Buch *Über die Seele*[58] gesagt wird. Ein andermal aber [wirkt es] ohne vermittelnde Tätigkeit oder Instrument, und ein solches Wirkendes ist Gott. Daher ist sein Wollen sein Tun, und wie sein Wollen ewig ist, so auch sein Tun.

Dennoch erfolgt die Wirkung nur gemäß der Form des Willens, der sich vornimmt, so oder so zu wirken. Und daher geht dieser nicht aus der Potenz in den Akt über, sondern die Wirkung, die dem Wirkenden zu Gebote stand,[59] wird ein wirklich Seiendes.[60]

Zu 12. In all jenem, was wegen eines Zieles wirkt, das außerhalb des Willens liegt, richtet sich der Wille nach diesem Ziel; daher will es, je nachdem, was dem Ziel hinderlich oder förderlich ist, bisweilen handeln und bisweilen nicht. Der Wille Gottes aber gab dem Universum das Sein nicht wegen eines anderen Zieles, das außerhalb seines Willens läge, wie er auch nicht wegen eines anderen Zieles bewegt,

---

56 Vgl. Anm. 33. Vgl. sum. theol. I, 2, 3.
57 Vgl. ScG II, 35, a.a.O. (wie Anm. 2), S. 122f.
58 Aristoteles: De anima, II, 4 (416 b 2f.). Aristoteles bringt das Beispiel vom Schreiner, der bei seiner Arbeit keine Veränderung erleidet (diese erleidet vielmehr das Holz) außer der, daß er sich von der Untätigkeit zur Tätigkeit wandelt (und das ist eigentlich kein Erleiden, sondern ein Vollendetwerden).
59 Mit ed. Vivès und ed. Mandonnet schließen wir uns der Lesart „in potentia agentis" statt „in potentia agente" an.
60 Schöpfung bedeutet nicht, daß etwas in Gott noch Unrealisiertes verwirklicht wird: Nicht der Wille Gottes wird darin wirklich, sondern das von ihm Gewollte. Anders gewendet: Der „Mangel an Realisierung", von dem man vor der Schöpfung sprechen könnte, betrifft nicht Gott, sondern die Welt – ein Gedanke, der dem oben in Anm. 55 erläuterten verwandt ist.

dunt, quia nobilius non agit propter vilius se; et ideo non oportet ex hoc quod non semper agat, quod habeat aliquid inducens et retrahens, nisi determinationem voluntatis suae, quae ex sapientia sua omnem sensum excedente procedit.

13. Ad decimumtertium dicendum, quod intellectus divinus intelligit omnia simul; et ideo ex hoc quod intelligit praesentia hujus temporis et illius, non est aliqua mutatio in intellectu ejus, licet hoc non possit contingere in intellectu nostro; et ideo patet quod ratio sophistica est. Similiter nec ponitur aliquis motus ex parte rei imaginatae, quia Deus noluit facere universum post aliquod tempus; quia tempus ante non erat nisi imaginatum, ut prius dictum est.

14. Ad decimumquartum dicendum, quod voluntas divina non ab aeterno produxit universum, quia aliquid deerat ipsi volito: hoc enim quod volito potest intelligi deesse propter quod differtur, est proportio ipsius ad finem; sicut voluntas hominis differt sumere medicinam, quando medicina non est proportionata sanitati hominis; et sic dico quod ipsi universo quod fieret ab aeterno, deerat proportio ad finem, quae est voluntas divina: hoc enim voluit Deus ut haberet esse post non esse, sicut natura ita et duratione; et si ab aeterno fuisset, hoc sibi defuisset; unde non fuisset proportionatum divinae voluntati quae est finis ejus.

Et quia ad rationes in contrarium factas, quas dixi demonstrationes non esse, inveniuntur philosophorum responsiones; ideo quamvis verum concludant, ad eas etiam respondendum est, secundum quod ipsi

wie die Philosophen einräumen. Denn das Edlere wirkt nicht wegen etwas Unedlerem.[61]

Und so muß er deswegen, weil es nicht immer tätig ist, nicht etwas, was [seine Tätigkeit] auslöst und bremst, mit sich führen, außer der Bestimmung seines Willens, der aus seiner über alle Erkenntniskraft erhabenen Weisheit hervorgeht.

Zu 13. Der göttliche Intellekt begreift alles zugleich. Daher gibt es darum, weil er das zu dieser und zu jener Zeit Gegenwärtige begreift, nicht irgendeine Veränderung in seinem Intellekt, was freilich in unserem Intellekt nicht geschehen kann. Also ist ein derartiges Argument offenbar sophistisch. Auch ist seitens einer vorgestellten Sache keinerlei Bewegung anzunehmen, denn Gott wollte das Universum nicht nach irgendeiner Zeit machen. Die Zeit vorher war ja nur vorgestellt, wie oben[62] gesagt wurde.

Zu 14. Der göttliche Wille hat das Weltall nicht von Ewigkeit her erschaffen, weil dem Gewollten selbst etwas fehlte: was nämlich als dem Gewollten fehlend aufgefaßt werden kann, weswegen es aufgeschoben wird, ist seine Angemessenheit ans Ziel – so, wie der Wille des Menschen es aufschiebt, die Medizin zu nehmen, wenn die Medizin der Gesundheit des Menschen nicht angemessen ist. Und so sage ich, daß dem Weltall selbst, um von Ewigkeit her geschaffen zu werden, die Angemessenheit an das Ziel, das der göttliche Wille ist, fehlte. Denn das wollte Gott: daß es das Sein habe nach dem Nicht-Sein, wie der Natur, so auch der Dauer nach; und wenn es von Ewigkeit her gewesen wäre, hätte ihm das gefehlt; und so wäre es dem Willen Gottes, der sein Ziel ist, nicht angemessen gewesen.

Und da sich auf die Gegengründe, von denen ich gesagt habe, sie seien keine Beweise, Erwiderungen von Philosophen finden, so muß man, obwohl sie das Wahre erschließen[63], auch auf sie antworten, entsprechend dem, was die Philosophen selbst zur Antwort geben, damit

---

[61] Vgl. sum. theol. I, 65, 2.
[62] Vgl. zu 7.
[63] D.h. die Gegengründe haben Recht im Ergebnis (die Welt ist nicht ewig), es fehlt ihnen aber die strikte Beweiskraft.

philosophi respondent, ne alicui disputanti contra tenentes aeternitatem mundi ex improviso occurrant.

1. Ad primum ergo dicendum, quod sicut dicit COMMENTATOR in libro *De substantia orbis*, ARISTOTELES nunquam intendit quod Deus esset causa motus caeli tantum, sed etiam quod esset causa substantiae ejus dans sibi esse. Cum enim sit finitae virtutis, eo quod corpus est, indiget aliquo agente infinitae virtutis, a quo et perpetuitatem motus habeat, et perpetuitatem essendi, sicut motum et esse. Non tamen ex hoc sequitur quod praecedat duratione: quia non est dans esse per motum, sed per influentiam aeternam, secundum quod scientia ejus est causa rerum; et ex hoc quod scit ab aeterno et vult, sequitur res ab aeterno esse; sicut ex hoc quod sol est ab aeterno, sequitur quod radius ejus ab aeterno sit.

2. Ad secundum respondet AVICENNA in sua *Metaphysica*: dicit enim omnes res a Deo creatas esse, et quod creatio est ex nihilo, vel ejus quod habet esse post nihil. Sed hoc potest intelligi dupliciter: vel quod designetur ordo durationis, et sic secundum eum falsum est; aut quod designetur ordo naturae, et sic verum est. Unicuique enim est

sie nicht einem, der gegen die Verfechter der Ewigkeit der Welt disputiert, unversehens einfallen.[64]

Zu 1. Wie der KOMMENTATOR im Buch *Über die Substanz der Himmelssphäre*[65] sagt, hat ARISTOTELES nie behauptet, Gott sei lediglich die Ursache der Bewegung des Himmels, sondern er sei auch die Ursache für dessen Substanz, da er ihm das Sein gibt. Da er [der Himmel] nämlich, als Körper, eine begrenzte Wirkungskraft[66] hat, bedarf er eines anderen Agens von unbegrenzter Wirkungskraft, von dem er sowohl die Beständigkeit der Bewegung hat als auch die Beständigkeit des Seins, sowie Bewegung und Sein.

Daraus folgt dennoch nicht, daß es in der Dauer vorausgeht. Denn es ist seingebend nicht durch Bewegung, sondern durch ewigen Einfluß, insofern sein Wissen die Ursache der Dinge ist. Und daraus, daß es von Ewigkeit weiß und will, folgt, daß die Dinge von Ewigkeit her sind – wie daraus, daß die Sonne von Ewigkeit her ist, folgt, daß ihr Strahl von Ewigkeit her ist.

Zu 2. AVICENNA antwortet hierauf in seiner *Metaphysik*[67]: Er sagt nämlich, alle Dinge seien von Gott geschaffen, und die Schöpfung sei aus nichts bzw. dessen, was Sein nach dem Nichts hat. Das kann aber doppelt verstanden werden: Entweder wird dadurch die Ordnung der Dauer bezeichnet, und in diesem Sinne ist es ihm zufolge falsch; oder es wird die Ordnung der Natur bezeichnet, und in diesem Sinne ist es wahr. Denn für jegliches ist dasjenige, was ihm von sich

---

[64] – und, so wäre zu ergänzen, er dann nicht mit diesen Gegengründen (d.h. Argumenten für einen zeitlichen Anfang der Welt) sich lächerlich macht, weil er sie noch nicht überprüft hat und sie irrtümlicherweise für schlagende Gründe hält.

[65] Averroes: De substantia orbis, c. 2 (a.a.O. – s. Anm. 11 –, Bd. 9, f. 6vb - 7ra).

[66] Nach Aristoteles, Physik, III, 5, ist das All ein Körper von begrenzter Größe; nach VIII, 10 (266 a 24f.) kann in einer begrenzten Größe keine unbegrenzte Wirkungskraft (dynamis, im lat. Text hier: virtus) stecken. Vgl. C. Steel, „Omnis corporis potentia est finita." L'interprétation d'un principe aristotélicien: de Proclus à S. Thomas, in: Philosophie im Mittelalter, hrsg. von Jan P. Beckmann u.a., Hamburg 1987, S. 213-224.

[67] Avicenna: Metaphysik, tract. VI, c. 1 und 2 (a.a.O. – s. Anm. 16 –, ed. S. Van Riet, S. 295ff., 300ff., bes. 303f.; Horten, S. 373ff., 380ff., bes. 384) und tract. IX, c. 4 (ed. S. Van Riet, S. 476; Horten [hier: IX, 6], S. 595).

prius secundum naturam illud quod est ei ex se, quam id quod est ei ab alio. Quaelibet autem res praeter Deum habet esse ab alio. Ergo oportet quod secundum naturam suam esset non ens, nisi a Deo esse haberet; sicut etiam dicit GREGORIUS quod omnia in nihilum deciderent, nisi ea manus omnipotentis contineret: et ita non esse quod ex se habet naturaliter, est prius quam esse quod ab alio habet, etsi non duratione; et per hunc modum conceduntur a philosophis res a Deo creatae et factae.

3. Ad tertium dicendum, quod infinitum actu impossibile est; sed infinitum esse per successionem, non est impossibile. Infiniti autem sic considerati quodlibet acceptum finitum est: transiens autem non potest intelligi nisi ex aliquo determinato ad aliquod determinatum: et ita quodcumque tempus determinatum accipiatur, semper ab illo tempore ad istud est finitum tempus; et ita est devenire ad praesens tempus.

Vel potest dici, quod tempus praeteritum est ex parte anteriori infinitum, et ex posteriori finitum; tempus autem futurum e contrario. Unicuique autem ex parte illa qua finitum est, est ponere terminum, et principium <ed. Vivès, ed. Mandonnet: *vel principium,*> vel finem. Unde ex hoc quod infinitum est tempus praeteritum ex parte anteriori, secundum eos sequitur quod non habeat principium, sed finem: et

aus zukommt, der Natur nach früher als dasjenige, was ihm von einem anderen zukommt. Jedes Ding außer Gott aber hat sein Sein von einem anderen. Also müßte es seiner Natur nach nichtseiend sein, wenn es nicht von Gott Sein hätte.

So sagt auch GREGOR [DER GROSSE][68], daß alles in nichts zurückfiele, wenn nicht die Hand des Allmächtigen es festhielte: Und so ist das Nicht-Sein, das jedes Ding von sich aus natürlicherweise hat, früher als das Sein, das es von einem anderen hat, wenn auch nicht der Dauer nach.

Und auf diese Weise werden von den Philosophen die Dinge als von Gott geschaffen und gemacht anerkannt.

Zu 3. Unendliches in actu[69] ist unmöglich; aber daß es Unendliches sukzessive gibt, ist nicht unmöglich. Von dem so betrachteten Unendlichen nun ist jedes Stück, das man nimmt, endlich: das Durchschreitende aber läßt sich nur verstehen als von irgendeinem Bestimmten zu einem anderen Bestimmten; und so ist, was für eine bestimmte Zeit man auch nimmt, immer von jener Zeit zu dieser die Zeit begrenzt. Und so kommt man zur gegenwärtigen Zeit.

Oder man kann sagen, die vergangene Zeit ist von ihrem früheren Teil aus unendlich und vom späteren endlich; für die zukünftige Zeit aber gilt das Gegenteil.[70] Für eine jede aber kann man seitens des Teiles, an dem sie endlich ist, eine Grenze, sei es Anfang oder Ende,[71] angeben. Daher folgt für sie [d.h. die Vertreter dieses Arguments] daraus, daß die vergangene Zeit vom früheren Teil her unendlich ist, daß sie keinen Anfang, aber ein Ende hat: Und so folgt, daß der Mensch,

---

68 Gregorius Magnus: Moralia in Job, XVI, c. 37; PL 75, Sp. 1143 C. Vgl. sum. theol. I-II, 109, 2 ad 2. – Vgl. J. Maritain: Court traité de l'existence et de l'existant, 2. Aufl. Paris 1964, S. 209f.

69 Vgl. Anm. 33.

70 Man kann sich die bis zum gegenwärtigen Augenblick vergangene Zeit als Gerade denken, die an einem bestimmten Punkt (der in der Vergangenheit liegt) geteilt wird. Dann zerfällt die Gerade in einen endlichen Teil (zwischen dem Teilungspunkt und jetzt) und einen unendlichen Teil (vor dem Teilungspunkt). Entsprechendes gilt für eine Zeit-Gerade, die vom Jetzt-Punkt in die Zukunft geht und an irgendeiner Stelle geteilt wird.

71 Mit ed. Vivès und ed. Mandonnet ziehen wir die Lesart „vel principium, vel finem" statt „et principium vel finem" vor.

ideo sequitur quod si homo incipiat numerare a die isto, non poterit numerando pervenire ad primum diem; et e contrario sequitur de futuro.

4. Ad quartum dicendum, quod infinito non fit additio secundum suam totalem successionem, qua infinitum est in potentia tantum accipientis; sed alicui finito accepto in actu: et illo nihil prohibet aliquid esse plus vel majus.

Et quod haec ratio sit sophistica patet, quia tollit etiam infinitum in additione numerorum, ut si sic dicatur: aliquae species numerorum sunt excedentes denarium, quae non excedunt centenarium: ergo plures species excedunt denarium quam centenarium: et ita cum infinitae excedant centenarium, erit aliquid majus infinito.

Patet ergo quod excessus et additio et transitus non est nisi respectu alicujus in actu vel in re existentis, vel actu per intellectum vel imaginationem acceptae. Unde per has rationes sufficienter probatur quod non sit infinitum in actu; nec hoc est necessarium ad aeternitatem mundi. Et istae solutiones accipiuntur ex verbis PHILOSOPHI.

5. Ad quintum dicendum, quod eumdem effectum praecedere causas infinitas per se, vel essentialiter, est impossibile; sed accidentaliter est possibile; hoc est dictu, aliquem effectum de cujus ratione sit quod procedat a causis infinitis, esse impossibilem; sed causas illas quarum multiplicatio nihil interest ad effectum, accidit effectui esse infinitas.

Verbi gratia, ad esse cultelli exiguntur per se aliquae causae moventes, sicut faber, et instrumentum; et haec esse infinita est impossibile, quia ex hoc sequeretur infinita esse simul actu; sed quod cultellus factus a quodam fabro sene, qui multoties instrumenta sua renovavit, se-

wenn er von diesem Tage an zu zählen beginnt, dabei nicht bis zum ersten Tag vorstoßen kann; und für die zukünftige Zeit ergibt sich das Umgekehrte.

Zu 4. Eine Addition zum Unendlichen geschieht nicht nach Ablauf seiner gesamten Abfolge, durch die es ja nur in seiner Aufnahmefähigkeit unendlich ist; sondern [eine Addition geschieht nur] zu irgendeinem in actu genommenen Endlichen: und nichts hindert, daß etwas mehr oder größer als jenes ist.

Und es erhellt, daß das ein sophistisches Argument ist, weil es auch das Unendliche in der Addition der Zahlen aufhebt, wie wenn man sagte: einige Arten von Zahlen übertreffen die Zehnzahl, aber nicht die Hundertzahl – also übertreffen mehr Arten die Zehnzahl als die Hundertzahl – und so muß es, da unendlich viele die Hundertzahl übertreffen, etwas Größeres geben als das Unendliche.

Folglich ist klar, daß es Übertreffen, Addition und Durchschreiten[72] nur gibt mit Bezug auf etwas, das entweder in actu tatsächlich existiert oder in actu durch den Intellekt oder die Vorstellungskraft aufgefaßt wird. So wird durch diese Argumente zur Genüge bewiesen, daß es kein aktuell Unendliches gibt; und das ist für die Ewigkeit der Welt auch nicht nötig.

Diese Lösungen sind den Worten des PHILOSOPHEN zu entnehmen.[73]

Zu 5. Es ist unmöglich, daß ein und derselben Wirkung Ursachen vorausgehen, die an sich bzw. wesentlich unendlich sind, sind sie es aber beiläufig, so ist es möglich. Das heißt, eine Wirkung, zu deren Begriff es gehören würde, daß sie aus unendlich vielen Ursachen hervorgeht, ist unmöglich; beiläufig aber kommt es einer Wirkung [sehr wohl] zu, daß die Ursachen, deren Vervielfachung nichts zur Wirkung tut, unendlich sind.

Zum Beispiel sind zum Sein eines Messers einige an sich bewegende Ursachen erforderlich, wie etwa der Schmied und das Werkzeug; und daß diese unendlich wären, ist unmöglich, weil daraus folgte, daß Unendliches gleichzeitig wirklich wäre. Daß aber ein von einem alten Schmied, der viele Male seine Werkzeuge erneuert hat, gefertigtes

---

[72] Dieser Begriff stammt aus dem unter 3. abgehandelten Gegengrund („sed contra").
[73] Aristoteles: Physik, III, 6 und 7.

quitur multitudinem successivam instrumentorum, hoc est per accidens; et nihil prohibet esse infinita instrumenta praecedentia istum cultellum, si faber fuisset ab aeterno.

Et similiter est in generatione animalis: quia semen patris est causa movens instrumentaliter respectu virtutis solis. Et quia hujusmodi instrumenta, quae sunt causae secundae, generantur et corrumpuntur, accidit quod sunt infinitae: et per istum etiam modum accidit quod dies infiniti praecesserint etiam istum diem: quia substantia solis ab aeterno est secundum eos, et circulatio ejus quaelibet finita.

Et hanc rationem ponit COMMENTATOR in 8 *Physicorum*.

6. Ad sextum dicendum, quod illa objectio inter alias fortior est; sed ad hanc respondet ALGAZEL, in sua *Metaphysica*, ubi dividit ens per finitum et infinitum; et concedit infinitas animas esse in actu: et hoc est per accidens, quia animae rationales exutae a corporibus non habent dependentiam ad invicem.

Messer auf eine sukzessive Menge von Werkzeugen folgt, das ist beiläufig; und nichts hindert, daß es unendlich viele Werkzeuge gäbe, die diesem Messer vorausgingen, wenn der Schmied von Ewigkeit her dagewesen wäre.[74] Entsprechend verhält es sich bei der Zeugung eines Lebewesens: denn der Samen des Vaters ist im Verhältnis zur Kraft der Sonne die instrumentell bewegende Ursache.[75] Und weil derartige Werkzeuge, die Zweitursachen sind, entstehen und vergehen, kommt es beiläufig, daß es unendlich viele sind. Auf diese Weise kommt es auch beiläufig, daß auch dem heutigen Tag unendlich viele Tage vorausgegangen sind. Denn die Substanz der Sonne ist ihnen zufolge[76] von Ewigkeit, und jeder ihrer Umläufe endlich.

Dieses Argument bringt der KOMMENTATOR im [Kommentar zum] achten Buch der „Physik".[77]

Zu 6. Dieser Einwand ist stärker als die anderen. Doch antwortet AL-GHAZZALI darauf in seiner *Metaphysik*[78], wo er das Seiende in endliches und unendliches einteilt. Er räumt ein, daß es aktual unendlich viele Seelen gibt: und das ist akzidentell, weil die des Körpers entkleideten vernunftbegabten Seelen untereinander in keinem Abhängigkeitsverhältnis stehen.

---

[74] Vgl. sum. theol. I, 7, 4; De ver., 2, 10. – Ein ähnliches Beispiel – allerdings ohne die Unterscheidung von unendlich *per se*/unendlich *per accidens* bringt Spinoza: Abhandlung über die Verbesserung des Verstandes, § 30.

[75] „Denn ein Mensch zeugt einen Menschen, und die Sonne." Aristoteles, Physik, II, 2 (194 b 13). – Die Zweitursachen bewegen nach Art von Instrumenten, d.h., sie sind ihrerseits bewegt (vgl. ScG I, 13), was allerdings ihre eigene Tätigkeit nicht ausschließt (vgl. ScG III, 69).

[76] D.h. nach Meinung der heidnischen Philosophen (Aristoteles und Averroes).

[77] Averroes: De Physico Auditu, VIII, Text 15 (a.a.O. – s. Anm. 11 –, Bd. 4, f. 350r) und 47 (a.a.O., f. 388v).

[78] Algazel (al-Ghazzali): Philosophia, I, tract. 1, c. 11, (a.a.O. – s. Anm. 3). Bis Mitte des 19. Jahrhunderts schrieb man diese Meinung noch al-Ghazzali selbst zu, während neuere Forschungen dafür sprechen, daß die Darstellung philosophischer Lehren in der „Logica et Philosophia" nur deren Widerlegung dienen sollte (vgl. E. Behler, Die Ewigkeit der Welt, München u.a. 1965, S. 138f.).

Sed COMMENTATOR respondet, quod animae non remanent plures post corpus, sed ex omnibus manet una tantum, ut infra patebit; unde nisi haec positio, quam ponit in 3 *De anima*, primo improbaretur, ratio contra eum non concluderet.

Et hanc etiam rationem tangit RABBI MOYSES, ostendens praedictam rationem non esse demonstrationem.

7. Ad septimum dicendum, quod etiam si mundus semper fuisset, non aequaretur Deo in duratione: quia duratio divina, quae est aeternitas, est tota simul; non autem duratio mundi, quae successione temporum variatur.

Et hanc ponit BOETIUS in 5 *De consolatione*.

8. Ad octavum dicendum, quod in caelo non est potentia ad esse, sed ad ubi tantum, secundum PHILOSOPHUM: et ideo non potest dici, quod potentia ad esse sit finita vel infinita: sed potentia ad ubi finita est. Nec tamen oportet quod motus localis, cui correspondet haec po-

Der KOMMENTATOR entgegnet aber, daß die Seelen nach ihrer körperlichen Existenz nicht mehrere bleiben, sondern von allen nur eine bleibt, wie sich unten zeigen wird.[79] Daher wäre das Gegenargument gegen ihn nicht schlüssig, wenn nicht vorher diese Behauptung, die er im dritten Buch [des Kommentars] *Über die Seele* aufstellt, widerlegt würde.
Dieses Argument führt auch RABBI MOSES[80] an, wobei er zeigt, daß es sich dabei um keinen Beweis handelt.

Zu 7. Auch wenn die Welt immer gewesen wäre, würde sie mit Gott hinsichtlich der Dauer nicht auf eine Stufe gestellt. Denn die göttliche Dauer, welche die Ewigkeit ist, ist als ganze zugleich; nicht aber die Dauer der Welt, die in der Abfolge der Zeiten wechselt.
Das bringt BOETHIUS im fünften Buch vom *Trost der Philosophie*.[81]

Zu 8. Im Himmel gibt es – dem PHILOSOPHEN zufolge – keine Potentialität in bezug aufs Sein, sondern nur in bezug aufs Wo[82]: Und daher kann man nicht sagen, die Potentialität in bezug aufs Sein sei endlich oder unendlich – sondern die Potentialität in bezug aufs Wo ist endlich. Trotzdem muß die Ortsbewegung, der diese Potentialität entspricht, nicht endlich sein: denn eine Bewegung ist in ihrer Dauer

---

[79] Sent. II d. 17 q. 2 a. 1. – Die Auseinandersetzung mit Averroes' Lehre von der Einheit des Intellekts (in dessen Kommentar zu „De anima", III, 5), die die Leugnung der individuellen Unsterblichkeit impliziert, hat Thomas an verschiedenen Stellen geführt: ScG II, 73 und 75; Compendium theologiae, I, 85; De unitate intellectus contra Averroistas.

[80] Moses Maimonides: Führer der Unschlüssigen, I, 73, „elfte These", (Hamburg [Meiner] 1972, Bd. 1, S. 316, 353ff.), I, 74, „siebente Methode" (a.a.O., S. 371-376).

[81] Boethius: Trost der Philosophie (De consolatione philosophiae), V, Prosa 6 (ed. Gegenschatz/Gigon, München/Zürich 1990, S. 262-267). – Hier die berühmte Definition: „Aeternitas igitur est interminabilis vitae tota et perfecta possessio", „Ewigkeit also ist der vollständige und vollendete Besitz unbegrenzbaren Lebens" (a.a.O., S. 262f.) – d.h. ständige Gegenwart, die nicht durch vergangenes Nicht-mehr oder zukünftiges Nochnicht relativiert wird.

[82] Vgl. Aristoteles, Metaphysik VIII, 4 (1044 b 7f.). Vgl. ScG I, 20 (a.a.O. – s. Anm. 48 –, S. 82f.). – Die Himmelskörper haben ein notwendiges Sein, das die Alternative des Nicht- oder Andersseins ausschließt. Nur die Möglichkeiten hinsichtlich des Orts werden mittels Bewegung punktuell und nie erschöpfend verwirklicht.

tentia, sit finitus: quia motus est infinitus duratione ab infinitate virtutis moventis, a qua fluit motus in mobile.

Et haec est ratio COMMENTATORIS, in 11 *Metaphysicorum*: tamen hoc quod dicit, quod non habet potentiam ad esse, intelligendum est, ad acquirendum esse per motum; habet tamen virtutem vel potentiam ad esse, ut dicitur in 1 *Caeli et mundi*, et haec virtus finita est; sed acquiritur duratio infinita ab agente separato infinito, ut ipsemet dicit.

9. Ad nonum dicendum, quod duratio Dei, quae aeternitas ejus est, et natura ipsius sunt una res; et tamen distinguuntur ratione, vel modo significandi: quia natura significat quamdam causalitatem, prout dicitur natura motus principium; duratio autem significat quamdam permanentiam: et ideo si accipiatur praeeminentia naturae divinae et durationis ad creaturam, ut utrumque est res quaedam, invenitur eadem praeeminentia: sicut enim natura divina praecedit creaturam dignitate et causalitate; ita et duratio divina eisdem modis creaturam praecedit. Non tamen oportet, si Deus praecedit mundum per modum naturae, ut significatur cum dicitur, naturaliter praecedit mundum, quod etiam mundum praecedat per modum durationis, ut significatur, cum dicitur,

unendlich durch die Unendlichkeit der bewegenden Kraft, von der die Bewegung ins Bewegbare fließt.

Das ist das Argument des KOMMENTATORS im [Kommentar zum] 11. Buch der *Metaphysik*.[83] Allerdings ist, was er sagt – nämlich, daß er [der Himmel] keine Potentialität in bezug auf das Sein hätte, so zu verstehen: in bezug auf den Seinserwerb durch Bewegung. Er hat ja die Kraft oder Potenz zu sein, wie es im ersten Buch *Über den Himmel* heißt[84], und diese Kraft ist endlich. Eine unendliche Dauer aber wird erworben von einem getrennten unendlichen Agens, wie er selbst sagt.[85]

Zu 9. Die Dauer Gottes, die seine Ewigkeit ist, und sein Wesen sind der Sache nach ein und dasselbe. Doch begrifflich bzw. der Bezeichnungsweise[86] nach werden sie unterschieden. Wesen bzw. Natur[87] bedeutet nämlich eine gewisse Kausalität, insofern man die Natur das Prinzip der Bewegung nennt; Dauer aber bedeutet eine gewisse Beharrung. Und so stößt man angesichts der Erhabenheit der göttlichen Natur und Dauer über die Kreatur – da beides gewissermaßen eine Sache [für sich] ist – auf dieselbe Erhabenheit: wie nämlich die göttliche Natur dem Geschöpf an Würde und Ursächlichkeit vorgeht, so geht auch die göttliche Dauer dem Geschöpf in derselben Art und Weise vor.

Trotzdem muß Gott, wenn er der Welt im Modus der Natur vorgeht (was zum Ausdruck kommt, wenn man sagt: er geht der Welt von Natur aus vor), nicht auch im Modus der Dauer der Welt vorgehen (was zum Ausdruck kommt, wenn man sagt: Gott geht der Welt in der

---

83 Averroes: Metaphysicorum libri XIIII, XII (!), Text 41 (a.a.O. – s. Anm. 11 –, Bd. 8, f. 323 vb ff.).

84 An anderer Stelle – ScG I, 20 – (a.a.O. – s. Anm. 2, S. 82f.) beruft sich Thomas darauf, daß nach *De caelo*, I „der Himmel die Kraft hat, *immer zu sein*" (Kursive vom Übers).
Vgl. C. Steel (s. Anm. 66), S. 220ff.

85 Vgl. Averroes, De substantia orbis, c. 3 und 4 (a.a.O. – s. Anm. 11 –, Bd. 9, f. 9r - 10v).

86 Lat. „modus significandi": zu diesem Fachausdruck vgl. J. Pinborg, Art. „Modus significandi" im Historischen Wörterbuch der Philosophie, Bd. 6, Sp. 68-72; sum.theol. I, 13, 3; III, 3, 7 ad 2.

87 Im lat. Text steht nur „natura", was beide Bedeutungen hat.

Deus duratione praecedit mundum; cum non sit idem modus significandi naturae et durationis.
Et similiter solvuntur multae aliae similes objectiones, ut in 1 libro dictum est.

Dauer vor[aus]). Denn der Modus significandi bei Natur und Dauer ist nicht derselbe.
Und entsprechend werden viele andere ähnliche Einwände entkräftet, wie im ersten Buch[88] gesagt wurde.

---

[88] Von Natur in Gott zu sprechen, heißt etwas anderes, als von Dauer in Gott zu sprechen. Nach Sent. I d. 22 q. 1 a. 2 ist zu unterscheiden zwischen der bezeichneten Sache und der Weise der Bezeichnung (modus significandi). Da wir Gott nur aus den Geschöpfen erkennen, sind die Vollkommenheiten, die wir ihm zuschreiben, hinsichtlich des modus significandi defizient. Hier ist wieder zu unterscheiden: Die menschliche Bezeichnung bedeutet in erster Linie eine Vollkommenheit – dann kann sie von Gott ausgesagt werden, z.B. „Gott weiß alles". Oder sie impliziert eine bestimmte, unvollkommene Weise der Teilhabe an einer Vollkommenheit – z.B. „Gott sieht alles"; „sehen" ist an körperliche Organe gebunden, die wir Gott nicht ansinnen können. Hinsichtlich dieses „modus significandi" muß die Aussage also (als nur metaphorisch gültige) eingeschränkt werden.
Entsprechend ist der Begriff „Dauer" von unserer Erfahrung aus mit Zeitlichkeit verquickt, was wir, wenn von Gottes Dauer die Rede sein soll, zurücknehmen müssen.
Vgl. DThA, Bd. 4, Anm. 48, S. 421f.

III

Thomas de Aquino

De aeternitate mundi*

Supposito, secundum fidem catholicam, quod mundus durationis initium habuit, dubitatio mota est, utrum potuerit semper fuisse. Cuius dubitationis ut veritas explicetur, prius distinguendum est in quo cum adversariis convenimus, et quid est illud in quo ab eis differimus.
Si enim intelligatur quod aliquid praeter Deum potuit semper fuisse, quasi possit esse aliquid tamen ab eo non factum: error abominabilis est non solum in fide, sed etiam apud philosophos, qui confitentur et probant omne quod est quocumque modo, esse non posse nisi sit causatum ab eo qui maxime et verissime esse habet.
Si autem intelligatur aliquid semper fuisse, et tamen causatum fuisse a Deo secundum totum id quod in eo est, videndum est utrum hoc possit stare.

Si autem dicatur hoc esse impossibile, vel hoc dicetur quia Deus non potuit facere aliquid quod semper fuerit, aut quia non potuit fieri, etsi Deus posset facere. In prima autem parte omnes consentiunt: in hoc scilicet quod Deus potuit facere aliquid quod semper fuerit, consi-

---

* Text nach: S. Thomae Aquinatis Opera Omnia, ed. R. Busa, Bd. 3, Stuttgart-Bad Cannstatt 1980, S. 591. Busa verwendet eine ihm 1972 von der Editio Leonina zur Verfügung gestellte Version. Abweichungen von der 1976 dort veröffentlichten werden, sofern sie sich nicht auf Schreibweise („v" statt „u") und Zeichensetzung beschränken, in spitzen Klammern mitgeteilt.

III

THOMAS VON AQUIN

Die Ewigkeit der Welt

Obwohl wir nach katholischem Glauben annehmen, die Welt habe in ihrer Dauer einen Anfang gehabt, so ist doch der Zweifel aufgeworfen worden, ob sie immer habe sein können. Damit aus diesem Zweifel die Wahrheit entfaltet werde, ist erst zu unterscheiden, worin wir mit den Gegnern übereinstimmen und worin wir von ihnen abweichen.
Wenn nämlich darunter verstanden wird, es habe etwas außer Gott immer sein können, so als ob etwas sein könnte, das nicht von ihm geschaffen wäre, dann ist das ein abscheulicher Irrtum; und zwar nicht nur im Glauben, sondern auch bei den Philosophen, die bekennen und beweisen, daß alles, was ist – auf welche Weise auch immer –, nicht sein könnte, wenn es nicht verursacht wäre von dem, der auf höchste und wahrste Weise Sein hat.
Wenn aber darunter verstanden wird, etwas sei immer gewesen und dennoch von Gott verursacht gewesen hinsichtlich all dessen, was in ihm ist, so muß man sehen, ob das stehenbleiben kann.

Wenn aber gesagt wird, das sei unmöglich, dann entweder, weil Gott nicht etwas machen konnte, was immer war; oder weil es nicht geschehen konnte, auch wenn Gott es machen könnte.[1] Im ersten Teil stimmen alle überein, darin nämlich, daß Gott etwas hätte machen können, was immer war, wenn man seine unendliche Macht bedenkt;

---

[1] Thomas unterscheidet also zuerst zwei Arten von Unmöglichkeit: aktive (Unmöglichkeit für Gott, etwas Ewiges zu schaffen) und passive (Unmöglichkeit für das Geschaffene, ewig zu sein). Die erste Art von Unmöglichkeit kann sofort ausgeschlossen werden, die zweite bedarf der Untersuchung. – Vgl. De pot. 3, 14 c. (Die Stellennachweise verdanken wir der Editio Leonina.)

derando potentiam ipsius infinitam. Restat igitur videre, utrum sit possibile aliquid fieri quod semper fuerit.

Si autem dicatur quod hoc non potest fieri, hoc non potest intelligi nisi duobus modis, vel duas causas veritatis habere: vel propter remotionem potentiae passivae, vel propter repugnantiam intellectuum.

Primo modo posset dici, antequam angelus sit factus, non potest angelus fieri, quia non praeexistit ad eius esse aliqua potentia passiva, cum non sit factus ex materia praeiacente; tamen Deus poterat facere angelum, poterat etiam facere ut angelus fieret, quia fecit, et factus est. Sic ergo intelligendo, simpliciter concedendum est secundum fidem quod non potest creatum <ed. Leon.: *causatum*> semper esse: quia hoc ponere esset ponere potentiam passivam semper fuisse: quod haereticum est. Tamen ex hoc non sequitur quod Deus non possit facere ut fiat aliquid semper ens.

Secundo modo dicitur propter repugnantiam intellectuum aliquid non posse fieri, sicut quod non potest fieri ut affirmatio et negatio sint simul vera; quamvis Deus hoc possit facere, ut quidam dicunt. Quidam vero dicunt, quod nec Deus hoc posset facere, quia hoc nihil est. Tamen manifestum est quod non potest facere ut hoc fi at, quia positio qua ponitur esse, destruit se ipsam.

Si tamen ponatur quod Deus huiusmodi potest facere ut fiant, positio non est haeretica, quamvis, ut credo, sit falsa; sicut quod praeteritum non fuerit, includit in se contradictionem. Unde AUGUSTINUS in libro *Contra Faustum*: „quisquis ita dicit: ‚si omnipotens est Deus, faciat ut

es bleibt also zu sehen, ob es möglich ist, daß etwas entsteht, was immer war.

Wenn aber gesagt wird, daß das nicht entstehen kann, so läßt sich das nur auf zweierlei Art begreifen (bzw. es kann aus zwei Gründen wahr sein): entweder wegen des Wegfalls der passiven Möglichkeit oder wegen eines Widerspruchs in den Begriffen.[2]

In der ersten Weise hätte man, bevor ein Engel geschaffen wurde, sagen können ‚Ein Engel kann nicht geschaffen werden', weil seinem Sein keinerlei passive Möglichkeit vorherging, da er nicht aus einer vorliegenden Materie geschaffen ist; dennoch konnte Gott einen Engel schaffen, er konnte auch machen, daß ein Engel würde, denn er hat es gemacht, und er [der Engel] wurde geschaffen. Wenn man es also so versteht, ist schlicht dem Glauben gemäß einzuräumen, daß das Verursachte nicht immer sein kann, denn das annehmen, hieße annehmen, daß die passive Möglichkeit immer gewesen sei, was häretisch ist. Dennoch folgt daraus nicht, Gott könne nicht machen, daß etwas immer Seiendes entstehe.

In der zweiten Weise wird gesagt, etwas könne nicht geschehen wegen eines Widerspruchs in den Begriffen, wie z.B., daß es nicht geschehen kann, daß Affirmation und Negation gleichzeitig wahr sind, obwohl Gott das machen könne, wie manche meinen, andere aber meinen, daß nicht einmal Gott das machen könnte, weil das nichts ist: dennoch ist offenbar, daß er nicht machen kann, daß das geschieht, weil die Position, durch die es gesetzt wird, sich selbst aufhebt.

Wenn dennoch angenommen wird, Gott könne machen, daß dergleichen geschieht, so ist diese Position nicht häretisch, obwohl sie, wie ich glaube, falsch ist, so wie der Satz, die Vergangenheit war nicht, einen Widerspruch beinhaltet; daher sagt AUGUSTINUS im Buch *Gegen Faustus*[3]: „Wer auch immer so spricht: ‚Wenn Gott allmächtig ist,

---

[2] Es bleiben noch zwei Arten von Unmöglichkeit: eine naturphilosophische (Fehlen der passiven Möglichkeit, d.h. der materia prima) und eine logische, die „repugnantia intellectuum" (vgl. dazu De spiritualibus creaturis, a. 11 ad 7) bzw. „repugnantia terminorum". Um diese geht es im folgenden. –
Vgl. Aristoteles: Metaphysik, V, 12 (1019 b 15 ff.) und Thomas' Kommentar dazu.

[3] Contra Faustum, XXVI, c. 5; PL 42, 481. – Vgl. Aristoteles: Nikomachische Ethik, VI, 2 (1139 b 5-11).

ea quae facta sunt, facta non fuerint': non videt hoc se dicere: ‚si omnipotens est Deus, faciat ut ea quae vera sunt, eo ipso quo vera sunt, falsa sint'".

Et tamen quidam magni pie dixerunt Deum posse facere de praeterito quod non fuerit praeteritum; nec fuit reputatum haereticum.

Videndum est ergo utrum in his duobus repugnantia sit intellectuum, quod aliquid sit creatum a Deo, et tamen semper fuerit. Et quidquid de hoc verum sit, non erit haereticum dicere quod hoc potest fieri a Deo ut aliquid creatum a Deo semper fuerit. Tamen credo quod, si esset repugnantia intellectuum, esset falsum. Si autem non est repugnantia intellectuum, non solum non est falsum, sed etiam <ed. Leon.: subaudi *non est*> impossibile: aliter esset erroneum, si aliter dicatur. Cum enim ad omnipotentiam Dei pertineat ut omnem intellectum et virtutem excedat, expresse omnipotentiae Dei derogat qui dicit aliquid posse intelligi in creaturis quod a Deo fieri non possit. Nec est instantia de peccatis, quae inquantum huiusmodi nihil sunt.

In hoc ergo tota consistit quaestio, utrum esse creatum a Deo secundum totam substantiam, et non habere durationis principium, repugnent ad invicem, vel non.

Quod autem non repugnent ad invicem, sic ostenditur. Si enim repugnant, hoc non est nisi propter alterum duorum, vel propter utrumque: aut quia oportet ut causa agens praecedat duratione; aut quia oportet quod non esse praecedat duratione; propter hoc quod dicitur creatum a Deo ex nihilo fieri.

so soll er machen, daß das, was geschehen ist, nicht geschehen sei', sieht nicht, daß er damit sagt: ‚Wenn Gott allmächtig ist, so soll er machen, daß das, was wahr ist, eben dadurch, daß es wahr ist, falsch sei.'"

Und dennoch haben manche große Männer in ihrer Frömmigkeit gesagt, Gott könne das Vergangene ungeschehen machen[4]; und es wurde nicht als häretisch angesehen.

Es ist also zu sehen, ob es in diesen beiden Aussagen einen begrifflichen Widerspruch gibt, daß etwas von Gott geschaffen und doch immer gewesen sei; und was auch die Wahrheit hierüber sei, es wird nicht häretisch sein zu sagen, daß es von Gott aus geschehen kann, daß etwas von Gott Geschaffenes immer war. Dennoch glaube ich, daß es falsch wäre, wenn es einen begrifflichen Widerspruch ergäbe; wenn aber nicht, ist es nicht nur nicht falsch, sondern auch nicht unmöglich: sonst wäre es ein Irrtum, wenn anders gesagt würde. Da es aber zur Allmacht Gottes gehört, daß er jeden Verstand und jede Kraft übertrifft, tut ausdrücklich der Allmacht Gottes Abbruch, wer sagt, es könne etwas in den Geschöpfen erkannt werden, was von Gott nicht gemacht werden könne: Und es gilt nicht die Berufung auf die Sünden, die insoweit nichts sind.[5]

Die ganze Frage besteht also darin: Widerspricht es sich, von Gott der ganzen Substanz nach geschaffen zu sein und keinen Anfang in der Dauer zu haben, oder nicht?

Daß es sich aber nicht widerspricht, wird auf folgende Weise gezeigt. Wenn es sich nämlich widerspricht, dann nur wegen einem von beiden, oder wegen beidem: entweder, weil die tätige Ursache in der Dauer vorhergehen muß, oder weil das Nicht-Sein in der Dauer vorhergehen muß, weil man ja sagt, daß das von Gott Geschaffene aus nichts entsteht.

---

[4] Petrus Damiani: De divina omnipotentia in reparatione corruptae, et factis infectis reddendis (opusculum 36), c. 15; PL 145, 619 f. (Vgl. I.M. Resnick: Divine Power and Possibility in St. Peter Damian's *De divina omnipotentia*, Leiden 1992.)
Gilbertus Porretanus: Expositio in Boecii librum de trinitate I, 4 (ed. N. Häring), Toronto 1966, S. 129, Nr. 72.
[5] Vgl. sum. theol. I-II, 18, 1 (übersetzt in: Thomas von Aquin: Über die Sittlichkeit der Handlung, Weinheim/New York 1990, *Collegia*).

Primo ostendam, quod non est necesse ut causa agens, scilicet Deus, praecedat duratione suum causatum, si ipse voluisset.

Primo sic: nulla causa producens suum effectum subito, necessario praecedit duratione suum effectum. Sed Deus est causa producens effectum suum non per motum, sed subito. Ergo non est necessarium quod duratione praecedat effectum suum. Prima per inductionem patet in omnibus mutationibus subitis, sicut est illuminatio et huiusmodi. Nihilominus tamen potest probari per rationem sic.

In quocumque instanti ponitur res esse, potest poni principium actionis eius, ut patet in omnibus generabilibus, quia in illo instanti in quo incipit ignis esse, calefacit. Sed in operatione subita, simul, immo idem est principium et finis eius, sicut in omnibus indivisibilibus. Ergo in quocumque instanti ponitur agens producens effectum suum subito, potest poni terminus actionis suae. Sed terminus actionis simul est cum ipso facto. Ergo non repugnat intellectui si ponatur causa producens effectum suum subito non praecedere duratione causatum suum. Repugnat autem in causis producentibus per motum effectus suos, quia oportet quod principium motus praecedat finem eius. Et quia homines sunt assueti considerare huiusmodi factiones quae sunt per motus, ideo non facile capiunt quod causa agens duratione effectum suum non praecedat. Et inde est quod multorum inexperti ad pauca respicientes facile enuntiant.

Nec potest huic rationi obviare quod Deus est causa agens per voluntatem: quia etiam voluntas non est necessarium quod praecedat duratione effectum suum; nec agens per voluntatem, nisi per hoc quod agit ex deliberatione; quod absit ut in Deo ponamus.

Zuerst werde ich zeigen, daß nicht notwendigerweise die tätige Ursache, nämlich Gott, in der Dauer ihrem Verursachten vorhergeht, wenn er selbst es so gewollt hätte.
Erstens so: Keine Ursache, die ihre Wirkung unmittelbar hervorbringt, geht notwendig in der Dauer ihrer Wirkung voraus; Gott aber ist eine Ursache, die ihre Wirkung nicht durch eine Bewegung, sondern unmittelbar hervorbringt: also ist es nicht nötig, daß er seiner Wirkung zeitlich vorausgeht. Der Obersatz ist durch Induktion in allen plötzlichen Veränderungen klar, wie dem Leuchten des Lichts[6] und dergleichen; nichtsdestoweniger kann es aber auf folgende Weise durch Vernunft bewiesen werden.

In jedwedem Augenblick, in dem gesetzt wird, daß eine Sache ist, kann auch der Anfang ihres Tätigseins gesetzt werden, wie in allem Erzeugbaren klar ist. Denn in dem Augenblick, in dem das Feuer zu sein beginnt, wärmt es. Im unmittelbaren Wirken aber sind Anfang und Ende gleichzeitig, ja sogar identisch, wie bei allem Unteilbaren: also kann in jedwedem Augenblick, in dem ein Agens gesetzt wird, das seine Wirkung unmittelbar hervorbringt, das Ende seiner Aktion gesetzt werden. Aber das Ende der Aktion ist mit dem Geschaffenen selbst gleichzeitig; also ergibt sich kein begrifflicher Widerspruch, wenn gesetzt wird, eine Ursache, die ihre Wirkung unmittelbar hervorbringt, gehe im Zeitablauf dem von ihr Verursachten nicht voraus. Ein Widerspruch ergibt sich aber bei den Ursachen, die ihre Wirkungen vermittels einer Bewegung hervorbringen, weil der Anfang der Bewegung ihrem Ende vorausgehen muß. Und weil die Menschen gewohnt sind, solche Schaffensvorgänge[7] zu betrachten, die mit Bewegung verbunden sind, verstehen sie nicht leicht, daß eine tätige Ursache ihrer Wirkung im Zeitablauf nicht vorausgeht. Und daher kommt es, daß viele Unerfahrene, die nur Weniges überschauen, leichtfertig so reden.

Dieser Überlegung kann auch nicht entgegenstehen, daß Gott eine durch den Willen tätige Ursache ist, weil nämlich auch der Wille nicht notwendig in der Dauer seiner Wirkung vorhergeht; noch auch das durch einen Willen Tätige, es sei denn, es handle aus Überlegung: was von Gott anzunehmen fern sei.

---

[6] Vgl. sum. theol. I, 46, 2 ad 1.
[7] Zum Begriff der „factio" vgl. sum. theol. I-II, 57, 4 c.

Praeterea. Causa producens totam rei substantiam non minus potest in producendo totam substantiam, quam causa producens formam in productione formae; immo multo magis: quia non producit educendo de potentia materiae, sicut est in eo qui producit formam.
Sed aliquod agens quod producit solum formam, potest in hoc quod forma ab eo producta sit quandocumque ipsum est, ut patet in sole illuminante. Ergo multo fortius Deus, qui producit totam rei substantiam, potest facere ut causatum suum sit quandocumque ipse est.

Praeterea. Si aliqua causa sit qua posita in aliquo instanti non possit poni effectus eius ab ea procedens in eodem instanti, hoc non est nisi quia causae deest aliquid de complemento: causa enim completa et causatum sunt simul. Sed Deo nunquam defuit aliquid de complemento. Ergo causatum eius potest poni semper eo posito; et ita non est necessarium quod duratione praecedat.

Praeterea. Voluntas volentis nihil diminuit de virtute eius, et praecipue in Deo. Sed omnes solventes ad rationes ARISTOTELIS, quibus probatur res semper fuisse a Deo per hoc quod idem semper facit idem, dicunt quod hoc sequeretur si non esset agens per voluntatem. Ergo et si ponatur agens per voluntatem, nihilominus sequitur quod potest facere ut causatum ab eo nunquam non sit.

Et ita patet quod non repugnat intellectui, quod dicitur agens non prae-

Außerdem: Eine Ursache, die die ganze Substanz eines Dings hervorbringt, vermag beim Hervorbringen der ganzen Substanz nicht weniger als eine Ursache, die [nur] eine Form hervorbringt, beim Hervorbringen der Form; sondern viel mehr, weil sie nicht hervorbringt durch ein Herausführen aus der Möglichkeit der Materie, wie es der Fall ist bei dem, der eine Form hervorbringt.

Aber irgendein Agens, das nur die Form hervorbringt, ist dazu vermögend, daß die von ihm hervorgebrachte Form da ist, wann auch immer es selbst da ist, wie in der leuchtenden Sonne klar wird; also kann erst recht Gott, der die ganze Substanz eines Dings hervorbringt, machen, daß das von ihm Verursachte da ist, wann auch immer er selbst da ist.

Außerdem: Wenn es irgendeine Ursache gibt, mit deren Setzung in irgendeinem Augenblick die von ihr ausgehende Wirkung nicht im selben Augenblick gesetzt werden kann, so nur deswegen, weil der Ursache irgend etwas zur Vollendung fehlt; die vollständige Ursache nämlich und das Verursachte sind gleichzeitig. Gott aber hat nie etwas zur Vollendung gefehlt; also kann das von ihm Verursachte immer gesetzt werden, wenn er gesetzt ist, und so braucht er in der Dauer nicht vorherzugehen.

Außerdem: Der Wille des Wollenden mindert nichts an dessen Kraft, zumal bei Gott. Aber alle, die Lösungen beibringen zu den Argumenten des ARISTOTELES, mit denen bewiesen wird, daß die Dinge von Gott her schon immer gewesen seien, da dasselbe immer dasselbe hervorbringe[8], sagen, dies würde folgen, wenn er nicht durch den Willen tätig wäre[9]. Also folgt, auch wenn ein durch den Willen Tätiges gesetzt wird, nichtsdestoweniger, daß es bewirken kann, daß das von ihm Verursachte nie nicht sei.

Und so ist klar, daß sich kein begrifflicher Widerspruch ergibt, wenn gesagt wird, das Tätige gehe seiner Wirkung zeitlich nicht voraus.[10]

---

[8] Aristoteles: De gen. et corr., II, 10 (336 a 27-28).
[9] Philippus Cancellarius: Summa de bono, q. 3 (ed. Wicki, Bd. 1, S. 49, Z. 60f.). Thomas dagegen zeigt auch an anderer Stelle (De pot. 3, 14 ad 7), daß das aristotelische Adagium ebensogut für natürliche wie durch willentlich wirkende Ursachen Geltung beansprucht: Die Wirkung muß das Gepräge des konkret Gewollten, nicht des Willens an sich, tragen.
[10] Der Gedanke besagt also, daß das Begriffspaar Ursache – Wirkung ursprünglicher ist als das Begriffspaar früher – später, m.a.W., daß Ursache-

cedere effectum suum duratione; quia in illis quae repugnant intellectui, Deus non potest facere ut illud sit.

Nunc restat videre an repugnet intellectui aliquod factum nunquam non fuisse, propter quod necessarium sit non esse eius duratione praecedere, propter hoc quod dicitur ex nihilo factum esse. Sed quod hoc in nullo repugnet, ostenditur per dictum ANSELMI in *Monologio*, 8 capitulo, exponentis quomodo creatura dicatur facta ex nihilo.

„Tertia, inquit, interpretatio, qua dicitur aliquid esse factum de nihilo, est cum intelligimus esse quidem factum, sed non esse aliquid unde sit factum. Per similem significationem dici videtur, cum homo contristatus sine causa, dicitur contristatus de nihilo. Secundum igitur hunc sensum, si intelligatur quod supra conclusum est, quia praeter summam essentiam cuncta quae sunt ab eadem, ex nihilo facta sunt, idest non ex aliquo; nihil inconveniens sequetur."

Unde patet quod secundum hanc expositionem non ponitur aliquis ordo eius quod factum est ad nihil, quasi oportuerit illud quod factum est, nihil fuisse, et postmodum aliquid esse.

Praeterea, supponatur quod ordo ad nihil in praepositione importatus remaneat affirmatus, ut sit sensus: creatura facta est ex nihilo, idest facta est post nihil: haec dictio ‚post' ordinem importat absolute. Sed ordo multiplex est: scilicet durationis et naturae. Si igitur ex communi et universali non sequitur proprium et particulare, non esset necessarium ut propter hoc quod creatura dicitur esse post nihil, prius duratione fuerit nihil, et postea fuerit aliquid: sed sufficit, si prius natura sit

Denn von dem, was dem Begriff widerstreitet, kann Gott nicht machen, daß es sei.

Jetzt bleibt zu sehen, ob ein begrifflicher Widerspruch darin liegt, daß irgendein Geschaffenes nie nicht[11] war, weshalb es notwendig sei, daß sein Nicht-Sein im Zeitablauf vorhergeht, weil nämlich gesagt wird, es sei aus nichts geschaffen.[12] Aber daß das mitnichten widersprüchlich ist, läßt sich zeigen durch einen Ausspruch ANSELMS im *Monologion*, 8. Kapitel[13], wo er darlegt, auf welche Weise gesagt werde, die Kreatur sei aus nichts gemacht.

„Die dritte Auslegung", sagt er, „in der es heißt, etwas sei aus nichts geschaffen, ist, wenn wir einsehen, daß es zwar gemacht sei, aber nichts da sei, woraus es gemacht sei; in ähnlicher Bedeutung scheint man zu reden, wenn von einem, der ohne Grund betrübt ist, gesagt wird, er sei über nichts betrübt. Wenn man also in diesem Sinn versteht, was oben geschlußfolgert wurde, nämlich daß außer dem höchsten Wesen alles, was ist, von ihm aus nichts geschaffen ist, das heißt nicht aus etwas, so folgt nichts Unstimmiges."

Daraus erhellt, daß nach dieser Darlegung nicht irgendeine Hinordnung des Geschaffenen auf [das] nichts unterstellt wird, so, als ob das, was geschaffen wurde, [erst] nichts und dann etwas hätte sein müssen.

Außerdem: Angenommen, die Hinordnung auf das Nichts, die in der Präposition liegt, bleibe behauptet, so daß der Sinn wäre: Die Kreatur ist aus nichts geschaffen, das heißt nach dem Nichts, so bedeutet der Ausdruck „nach" auf absolute Weise eine Ordnung. Aber es gibt Ordnung verschiedener Art, nämlich der Dauer und der Natur; wenn also aus dem Gemeinsamen und Allgemeinen nicht das Eigentümliche und Besondere folgt, wäre es nicht nötig, daß deswegen, weil es heißt, die Natur sei nach dem Nichts, *der Dauer nach* früher nichts und nachher etwas war, sondern es genügt, wenn das Nichts

---

Wirkungs-Verhältnisse ohne zeitliche Konnotation gedacht werden können (vgl. Anm. 14).

[11] Die doppelte Verneinung muß, wie schon ein paar Zeilen vorher, wörtlich genommen werden (nicht im Sinn des bayerischen „Das hab' ich nie nicht getan").

[12] Vgl. Summa Halensis, Bd. 1, Quaracchi 1924, S. 93.

[13] Anselm von Canterbury: Monologion, c. 8 (Opera omnia, ed. F.S. Schmitt, Stuttgart-Bad Cannstatt 1984, Tom. I, Vol. 1, S. 23, Z. 17-26).

nihil quam ens; prius enim naturaliter inest unicuique quod convenit sibi in se, quam quod <ed. Leon.: add. *solum*> ex alio habetur. Esse autem non habet creatura nisi ab alio; sibi autem relicta in se considerata nihil est: unde prius naturaliter est sibi nihilum quam esse. Nec oportet quod propter hoc sit simul nihil et ens, quia duratione non praecedit: non enim ponitur, si creatura semper fuit, ut in aliquo tempore nihil sit: sed ponitur quod natura eius talis esset quod esset nihil, si sibi relinqueretur; ut si dicamus aerem semper illuminatum fuisse a sole, oportebit dicere, quod aer factus est lucidus a sole. Et quia omne quod fit, ex incontingenti fit, idest ex eo quod non contingit simul esse cum eo quod dicitur fieri; oportebit dicere quod sit factus lucidus ex non lucido, vel ex tenebroso; non ita quod umquam fuerit non lucidus vel tenebrosus, sed quia esset talis, si eum sibi sol relinqueret.

von Natur früher als das Seiende ist.[14] Einem jeden wohnt nämlich natürlicherweise früher das inne, was ihm an sich zukommt, als das, was es nur von einem anderen hat. Das Sein aber hat die Kreatur nur von einem anderen, sich selbst überlassen und an sich betrachtet jedoch ist sie nichts: daher ist ihr natürlicherweise eher das Nichts als das Sein. Es ist auch nicht nötig, daß Nichts und Seiendes deshalb gleichzeitig sind, weil es [das Nichts] der Dauer nach nicht vorausgeht. Denn es wird, wenn die Kreatur immer war, nicht gesetzt, daß zu irgendeiner Zeit nichts sei, sondern gesetzt wird, daß ihre Natur so wäre, daß sie nichts wäre, wenn sie sich überlassen würde: Wie wenn wir sagen, die Luft sei immer von der Sonne erleuchtet gewesen, man auch wird sagen müssen, daß die Luft von der Sonne hell gemacht worden ist. Und weil alles, was wird, aus dem Inkompossiblen[15] wird, das heißt aus dem, das nicht gleichzeitig sein kann mit dem, von dem man sagt, es wird, so wird man sagen müssen, die Luft sei hell gemacht worden aus dem Nicht-Hellen bzw. dem Dunklen; nicht so, daß sie je nicht-hell oder dunkel gewesen sei, sondern daß sie so wäre, wenn die Sonne sie sich selbst überließe.

---

14 (Kursive vom Übers.) Mit anderen Worten: das Früher-Sein muß keinen zeitlichen Sinn haben, es kann auch eine ontologische Rangordnung ausdrücken. Vgl. Aristoteles, Metaphysik, V, 11; IX, 8 und den Artikel „Prius tempore/prius natura" im Historischen Wörterbuch der Philosophie, Bd. 7, Sp. 1373-1378.

15 Im Text steht „incontingens", nach Schütz, Thomas-Lexikon, synonym mit „incompossibilis". Vgl. Sent. I d. 37 q. 4 a. 3, c., Sent. III d. 3 q. 5 a. 3 ad 3, De ver., q. 28, a. 9 obj. 9, De pot. 3, 1 ad 15. Vgl. Aristoteles, Physik, I, 5. – Der Gedanke ist: Terminus a quo und Terminus ad quem einer (Werde-)Bewegung sind inkompossibel, d.h. der Beginn und das Ende eines Prozesses stellen Gegensätze dar. Die Formung einer Statue vollzieht sich am zunächst ungeformten Erz; die Illumination bringt Helligkeit ins Dunkle. In diesem Beispiel ist aber der Übergang von der Ursache zur Wirkung nicht zeitlich nachvollziehbar, die Lichtquelle bewirkt die Erleuchtung der umgebenden Luft unmittelbar. Nur in umgekehrter Richtung läßt sich schließen: Ohne Licht wäre die Luft dunkel geblieben. Das setzt aber nicht voraus, daß jemals aktuell dunkle Luft vorgelegen hätte. Nach dieser Analogie will Thomas die Schöpfung aus dem Nichts verstanden wissen: Ohne Schöpfung wäre nichts; das heißt aber nicht, daß jemals „das Nichts" aktuell existiert hätte.

Et hoc expressius patet in stellis et orbibus quae semper illuminantur a sole.

Sic ergo patet quod in hoc quod dicitur, aliquid esse factum et nunquam non fuisse, non est intellectus aliqua repugnantia. Si enim esset aliqua, mirum est quomodo AUGUSTINUS eam non vidit: quia hoc esset efficacissima via ad improbandum aeternitatem mundi, cum tamen ipse multis rationibus impugnet aeternitatem mundi in undecimo et duodecimo *De civitate Dei*, hanc etiam viam omnino praetermittit? <ed. Leon.: *praetermittit*.> Quinimmo videtur innuere quod non sit ibi repugnantia intellectuum: unde dicit decimo *De civitate Dei*, 31 capitulo, de Platonicis loquens:

„Id quomodo intelligant, invenerunt non esse hoc, scilicet temporis, sed substitutionis initium. Sic enim, inquiunt, si pes ex aeternitate semper fuisset in pulvere, semper ei subesset vestigium, quod tamen vestigium a calcante factum nemo dubitaret; nec alterum altero prius esset, quamvis alterum ab altero factum esset: sic, inquiunt, et mundus et dii in illo creati semper fuerunt, semper existente qui fecit; et tamen facti sunt."

Nec unquam dicit hoc non posse intelligi: sed alio modo procedit contra eos. Item dicit undecimo libro, 4 capitulo:

„Qui autem a Deo quidem mundum factum fatentur, non tamen eum temporis sed suae creationis initium habere, ut modo quodam vix intelligibili semper sit factus; dicunt quidem aliquid" etc.

Und das wird besonders anschaulich bei den Sternen und den Himmelssphären, die immer von der Sonne erleuchtet werden.[16]

So ist also klar, daß darin, daß man sagt, etwas sei von Gott geschaffen und nie nicht[17] gewesen, keinerlei Begriffswiderspruch liegt. Läge nämlich einer darin, so müßte man sich wundern, wie AUGUSTINUS ihn habe übersehen können – denn das wäre ein überaus erfolgreicher Weg, die Ewigkeit der Welt zu widerlegen. Doch wenn er selbst die Ewigkeit der Welt mit vielen Gründen im elften und zwölften Buch des *Gottesstaats*[18] bekämpft, übergeht er (auch) diesen Weg völlig. Ja er scheint sogar anzudeuten, daß da kein Begriffswiderspruch vorliegt, weshalb er im 10. Buch, Kap. 31, des *Gottesstaats* sagt – er spricht von den Platonikern –:[19]

„Um sich das irgendwie zurechtzulegen, fanden sie, daß hier offenbar nicht ein Anfang der Zeit nach, sondern der Einsetzung nach gemeint sei. Sie erklärten: ‚Wenn ein Fuß von Ewigkeit her immer im Staub gestanden hätte, wäre unter ihm auch immer seine Spur vorhanden gewesen. Trotzdem wird niemand bestreiten, daß die Fußstapfe von seinem Tritt hervorgerufen wurde, und daß keines von beiden früher gewesen ist, obwohl das eine vom anderen hervorgerufen wurde. Genau so', sagen sie, ‚verhält es sich mit der Welt und den in ihr erschaffenen Göttern. Sie sind immer gewesen, weil ihr Schöpfer immer war, und dennoch sind sie erschaffen.'"

Aber niemals sagt er, das könne nicht begriffen werden, sondern er geht auf andere Weise gegen sie vor. Ebenso sagt er im 11. Buch, Kap. 4:[20]

„Die aber, die zwar zugeben, daß die Welt von Gott geschaffen ist, sich aber trotzdem nicht auf den Anfang der Zeit verstehen wollen, sondern nur auf den Anfang ihrer Erschaffung, wonach die Welt auf irgendeine, kaum verständliche Weise von jeher geschaffen wäre, sagen damit allerdings etwas ..."

---

[16] D.h. in der supralunaren Welt, wo die Sonne nie untergeht.
[17] Vgl. Anm. 11.
[18] Augustinus: De civ. Dei, XI, c. 4-6; XII, c. 13 ff.
[19] Augustinus: De civ. Dei, X, c. 31 (Der Gottesstaat, hrsg. und übers. von C.J. Perl, Bd. 1, Paderborn u.a. 1979, S. 691).
[20] Augustinus: De civ. Dei, XI, c. 4 (ed. Perl, a.a.O., S. 711).

Causa autem quare est vix intelligibile, tacta est in prima ratione.

Mirum est etiam quomodo nobilissimi philosophorum hanc repugnantiam non viderunt. Dicit enim AUGUSTINUS in eodem libro capitulo 5, contra illos loquens de quibus in praecedenti auctoritate facta est mentio: „Cum his agimus qui et Deum corporum et omnium naturarum quae non sunt quod ipse, creatorem nobiscum sentiunt"; de quibus postea subdit: „Isti philosophos ceteros nobilitate et auctoritate vicerunt."

Et hoc etiam patet diligenter consideranti dictum eorum qui posuerunt mundum semper fuisse, quia nihilominus ponunt eum a Deo factum, nihil de hac repugnantia intellectuum percipientes. Ergo illi qui tam subtiliter eam percipiunt, soli sunt homines, et cum illis oritur sapientia.

Sed quia quaedam auctoritates videntur pro eis facere, ideo ostendendum est quod praestant eis debile fulcimentum.

Dicit enim DAMASCENUS I libro 8 capitulo: „Non aptum natum est quod ex non ente ad esse deducitur coaeternum esse ei quod sine principio est et semper est."

Item HUGO DE SANCTO VICTORE in principio libri sui *De sacramentis* dicit: „Ineffabilis omnipotentiae virtus non potuit aliud praeter se habere coaeternum, quo faciendo iuvaretur."

Sed harum auctoritatum et similium intellectus patet per hoc quod dicit BOETIUS in ultimo *De consolatione*:

„Non recte quidam, cum audiunt visum Platoni mundum hunc nec ha-

Der Grund aber, warum es kaum verständlich ist, wurde im ersten Argument berührt.[21]

Erstaunlich ist auch, wie die hervorragendsten unter den Philosophen diesen Widerspruch nicht gesehen haben. AUGUSTINUS sagt nämlich im selben Buch im fünften Kapitel, wenn er gegen die spricht, von denen im vorigen Zitat die Rede war:[22] „Aber wir haben es ja nur mit denen zu tun, die so wie wir Gott als unkörperlich und als den Schöpfer aller Wesen, die nicht sind was er selbst ist, auffassen." Von diesen sagt er nachher: „Sie überragen alle übrigen Philosophen an Ruhm und Geltung."

Und das wird auch dem klar, der sorgfältig den Ausspruch derer bedenkt, die annehmen, die Welt sei immer gewesen, weil sie nichtsdestoweniger annehmen, sie sei von Gott geschaffen, wobei sie nichts von diesem [angeblichen] Widerspruch in den Begriffen bemerken. Also sind allein diejenigen, die ihn so subtil bemerken, Menschen, und mit ihnen beginnt die Weisheit.[23]

Aber weil einige Autoritäten für sie zu sprechen scheinen, ist zu zeigen, daß sie ihnen nur eine schwache Stütze bieten. JOHANNES VON DAMASKUS sagt nämlich in Buch 1, Kap. 8:[24] „Was aus dem Nichtsein ins Sein hervorgebracht wird, kann nicht gleichewig sein mit dem, was ohne Anfang und immer ist."

Ebenso sagt HUGO VON ST. VIKTOR zu Beginn seines Buches *Die Sakramente*:[25] „Die unaussprechliche Kraft der Allmacht konnte nichts anderes, Gleichewiges außer sich haben, durch das sie im Schaffen unterstützt würde."

Aber der Sinn dieser und ähnlicher Autoritäten erhellt durch das, was BOETHIUS im letzten Buch vom *Trost der Philosophie* sagt:[26] „Darum ist die Meinung derer nicht richtig, die, wenn sie hören, daß Platon glaubte, diese Welt habe weder einen Anfang in der Zeit ge-

---

21 Vgl. den Text über Anm. 7 („Und weil die Menschen gewohnt sind...").
22 Augustinus, a.a.O., ed. Perl, S. 713.
23 Ironische Anspielung auf Job, 12, 2.
24 Johannes von Damaskus: Genaue Darlegung des orthodoxen Glaubens (De fide orthodoxa), Bibliothek der Kirchenväter, Bd. 44, S. 16 (übers. von D. Stiefenhofer).
25 Hugo von St. Viktor: De sacramentis, I, pars 1, c. 1 (PL 176, 187 B).
26 Boethius: Trost der Philosophie (De consolatione philosophiae), V, Prosa 6 (ed. Gegenschatz/Gigon, München/Zürich 1990, S. 265).

buisse initium temporis, nec habiturum esse defectum, hoc modo Conditori conditum mundum fieri coaeternum putant. Aliud enim est per interminabilem vitam duci, quod mundo Plato tribuit; aliud interminabilis vitae totam pariter complexam esse praesentiam, quod divinae mentis esse proprium manifestum est."
Unde patet quod etiam non sequitur quod quidam obiiciunt, scilicet quod creatura aequaretur Deo in duratione.

Et quod per hunc modum dicatur, quod nullo modo potest esse aliquid coaeternum Deo, quia scilicet nihil potest esse immutabile nisi solus Deus, patet per hoc quod dicit AUGUSTINUS, in libro XII *De civitate Dei*, capitulo 15:
„Tempus, quoniam mutabilitate transcurrit, aeternitati immutabili non potest esse coaeternum. Ac per hoc etiam si immortalitas angelorum non transit in tempore, nec praeterita est quasi iam non sit, nec futura quasi nondum sit; tamen eorum motus, quibus tempora peraguntur, ex futuro in praeteritum transeunt. Et ideo Creatori, in cuius motu dicendum non est vel fuisse quod iam non sit, vel futurum esse quod nondum sit, coaeterni esse non possunt."
Similiter etiam dicit octavo *Super Genesim*:
„Quia omnino incommutabilis est illa natura Trinitatis, ob hoc ita aeterna est ut ei aliquid coaeternum esse non possit."
Consimilia verba dicit in undecimo *Confessionum*.

habt, noch werde sie einen Untergang in ihr haben, annehmen, daß die geschaffene Welt auf diese Weise gleich ewig werde wie der Schöpfer. Etwas anderes ist es, wenn ein unbegrenzbares Leben geführt wird, was Platon der Welt zugebilligt hat, etwas anderes, wenn ein unbegrenzbares Leben gleichzeitig ganz in der Gegenwart erfaßt wird, was offenbar die Eigentümlichkeit des göttlichen Geistes ist."
Daraus erhellt, daß auch nicht folgt, was einige entgegnen, nämlich daß die Kreatur Gott in der Dauer gleichkäme.

Und daß auf diese Weise gesagt wird, daß keineswegs etwas gleich ewig wie Gott sein kann, weil nämlich nichts unveränderlich sein kann außer Gott allein, wird klar aus dem, was AUGUSTINUS im 12. Buch vom *Gottesstaat*, Kap. 15, sagt:[27]
„Die Zeit jedoch, die ja durch Veränderlichkeit dahinläuft, kann nicht gleichewig sein mit der unveränderlichen Ewigkeit. Wenn daher auch die Unsterblichkeit der Engel nicht in der Zeit vergeht und nicht vergangen ist, als wäre sie nicht mehr, und auch nicht erst in der Zukunft liegt, als sei sie noch nicht, so gehen doch ihre Bewegungen, an denen sich die Zeiten erfüllen, aus der Zukunft in die Vergangenheit über: und deshalb können sie mit dem Schöpfer nie gleichewig sein, denn in seiner Bewegung kann weder von einem Gewesenen, das nicht mehr wäre, noch von einem Zukünftigen, das noch nicht sei, die Rede sein."
Ähnlich spricht er auch im achten Buch von *Über die Genesis*:[28]
„Aus dieser absoluten Unwandelbarkeit, die die Natur der Dreieinigkeit kennzeichnet, ergibt sich ihr Ewigkeit, der nichts Gleichewiges zur Seite steht."
Ganz ähnliche Worte sagt er im elften Buch der *Bekenntnisse*.[29]

---

[27] Augustinus, a.a.O., Kap. 16 (!), ed. Perl, S. 816f. Den Zusammenhang zwischen den Bewegungen der Engel und der Zeit verdeutlicht eine Stelle im selben Kapitel, etwas weiter oben (a.a.O., S. 815): „Und es gab sie [die Engel] deshalb jederzeit, weil es ohne sie überhaupt keine Zeiten geben konnte. Wo nämlich keine Kreatur ist, an deren Bewegungen und Änderungen die Zeiten ablaufen, kann es Zeiten überhaupt nicht geben."
[28] Augustinus: Über den Wortlaut der Genesis (De Genesi ad litteram libri duodecim), VIII, c. 23 (übers. von C. J. Perl, 2. Bd., Paderborn 1964, S. 79).
[29] Augustinus: Confessiones, XI, c. 30.

Addunt etiam pro se rationes <ed. Leon.: *rationes pro se*> quas etiam philosophi tetigerunt et eas solverunt; inter quas illa est difficilior quae est de infinitate animarum: quia si mundus semper fuit, necesse est modo infinitas animas esse. Sed haec ratio non est ad propositum, quia Deus mundum facere potuit sine hominibus et animabus, vel tunc homines facere quando fecit, etiam si totum mundum fecisset ab aeterno; et sic non remanerent post corpora animae infinitae. Et praeterea non est adhuc demonstratum, quod Deus non possit facere ut sint infinita actu.

Aliae etiam rationes sunt a quarum responsione supersedeo ad praesens, tum quia eis alibi responsum est, tum quia quaedam earum sunt adeo debiles quod sua debilitate contrariae parti videntur probabilitatem afferre.

Sie fügen für sich noch Beweisgründe hinzu, die auch die Philosophen berührt und aufgelöst haben, unter denen der von der Unendlichkeit der Seelen mit besonderen Schwierigkeiten verbunden ist[30]: denn wenn die Welt immer war, muß es jetzt unendlich viele Seelen geben. Aber dieses Argument trifft den Punkt nicht; denn Gott hätte die Welt auch ohne Menschen und Seelen machen können, oder die Menschen [erst] dann machen können, als er sie [tatsächlich] machte, auch wenn er die ganze Welt von Ewigkeit her gemacht hätte: und so blieben nach den Körpern nicht unendlich viele Seelen. Und außerdem ist bis jetzt nicht bewiesen, daß Gott nicht machen könne, daß Unendliches wirklich sei.[31]

Es gibt noch andere Argumente, von deren Beantwortung ich für jetzt absehe: teils, weil andernorts darauf schon geantwortet worden ist[32], teils, weil einige davon so schwach sind, daß sie mit ihrer Schwäche zur Glaubwürdigkeit der gegnerischen Seite beizutragen scheinen.

---

[30] Vgl. sum. theol. I, 46, 2 ad 8; ScG II, 38.
[31] Nach Aristoteles kann es Unendliches nur der Möglichkeit (potentia), nicht der Wirklichkeit nach (actu) geben: Physik, III, 5 und 6. – Daß Gott aktual Unendliches machen könnte, wird von Bonaventura ausdrücklich abgelehnt: Sent. I d. 43 a. unicus q. 3.
[32] Sent. II d. 1 q. 1 a. 5; ScG II, 31-38; sum. theol. I, 46, 1-2, De pot. 3, 14 und 17; Quodl. 3, q. 14 a. 2. – Vgl. auch Compendium theologiae I, 98, 99; sum. theol. I, 61, 2.

IV

Boethius de Dacia

De aeternitate mundi

[I.]
Quia sicut in his quae ex lege credi debent, quae tamen pro se rationem non habent, quaerere rationem stultum est – quia qui hoc facit, quaerit quod impossibile est invenire – et eis nolle credere sine ratione haereticum est, sic in his quae non sunt manifesta de se quae tamen pro se rationem habent, eis velle credere sine ratione philosophicum non est, ideo – volentes sententiam christianae fidei de aeternitate mundi et sententiam ARISTOTELIS et quorundam aliorum philosophorum reducere ad concordiam, ut sententia fidei firmiter teneatur, quamquam in quibusdam demonstrari non possit – ne incurramus stultitiam quaerendo demonstrationem ubi ipsa non est possibilis, ne etiam incurramus haeresim nolentes credere quod ex fide teneri debet, quia pro se demonstrationem non habet – sicut fuit mos quibusdam philosophis quibus nulla lex posita placuit, quia articuli legis positae pro se non habebant demonstrationem – ut etiam sententia philosophorum salvetur, quantum ratio eorum concludere potest – nam eorum sententia in nullo contradicit christianae fidei nisi apud non intellegentes; sententia enim philosophorum innititur demonstrationibus et ceteris rationibus possibilibus in rebus de quibus loquuntur; fides autem in multis innititur miraculis et non rationibus; quod enim tene-

IV

BOETHIUS VON DACIEN

Die Ewigkeit der Welt

[I. Einleitung]

Wie es bei dem, was kraft Gesetzes geglaubt werden muß und was dennoch keinen Grund für sich hat, töricht ist, nach einem Grund zu fragen – denn wer das tut, sucht, was unmöglich zu finden ist – und ohne Grund nicht daran glauben zu wollen, häretisch ist, so ist es bei dem, was nicht von sich her offenkundig ist, aber dennoch einen Grund für sich hat, unphilosophisch, ohne Grund daran glauben zu wollen.

Daher – wir wollen ja die Lehre des christlichen Glaubens über die Ewigkeit der Welt und die Lehre des ARISTOTELES sowie einiger anderer Philosophen zur Übereinstimmung bringen, damit die Lehre des Glaubens unverbrüchlich festgehalten werde, obwohl sie in manchen Dingen nicht bewiesen werden kann –, damit wir keine Dummheit begehen, indem wir einen Beweis verlangen, wo keiner möglich ist, und damit wir auch keine Häresie begehen, indem wir nicht glauben wollen, woran aus Glauben festgehalten werden muß, da es keinen Beweis für sich hat (wie es bei einigen Philosophen Mode war, die kein gesatztes Gesetz[1] für gut befanden, weil die Artikel des gesatzten Gesetzes keinen Beweis für sich hatten), und um auch die Lehre der Philosophen zu retten, soweit ihre Vernunft schließen kann – denn ihre Lehre widerspricht in nichts dem christlichen Glauben, außer in den Augen derer, die [sie] nicht verstehen (die Lehre der Philosophen stützt sich nämlich auf Beweise und andere mögliche Gründe in den Dingen, über die sie reden; der Glaube aber stützt sich in vielem auf Wunder und nicht auf Gründe; denn was für wahr gehalten wird, weil

---

[1] „Lex posita", im Gegensatz etwa zu „lex naturalis".

tur propter hoc quod per rationes conclusum est, non est fides, sed scientia – et ut appareat quod fides et philosophia sibi non contradicunt de aeternitate mundi, ut etiam appareat quod rationes quorundam haereticorum non habent vigorem, per quas contra christianam fidem mundum tenent esse aeternum, de hoc per rationem inquiramus, scilicet utrum mundus sit aeternus.

[II.]
Et videtur quod non:

1. Primum principium est causa substantiae mundi, quia si non, tunc plura essent prima principia. Quod autem habet esse ab alio, hoc sequitur illud in duratione. Ergo mundus sequitur primum principium in duratione. Ens autem aeternum nullum sequitur in duratione. Ergo mundus non est aeternus.

2. Item, nihil potest deo adaequari. Si ergo mundus esset aeternus, mundus adaequaretur deo in duratione. Hoc autem est impossibile.

3. Item, virtus finita non potest facere durationem infinitam, quia duratio non excedit virtutem facientem ipsam. Virtus autem caeli finita est, sicut et virtus cuiuslibet corporis finiti. Ergo virtus caeli non facit durationem aeternam. Ergo caelum non est aeternum. Ergo nec totus mundus, cum mundus non praecedat caelum.

es durch Vernunftgründe erschlossen ist, ist nicht Glaube, sondern Wissen) –, und damit deutlich werde, daß Glaube und Philosophie sich hinsichtlich der Ewigkeit der Welt nicht widersprechen, und damit auch klar werde, daß die Argumente, mit denen einige Häretiker gegen den christlichen Glauben dafürhalten, daß die Welt ewig sei, keine Durchschlagskraft haben – [darum also] wollen wir am Leitfaden der Vernunft untersuchen, ob die Welt ewig ist.[2]

[II. Argumente gegen die Ewigkeit der Welt]
Anscheinend nicht:

1. Das erste Prinzip ist die Ursache der Weltsubstanz, denn wenn nicht, gäbe es mehrere erste Prinzipien. Was aber sein Sein von einem anderen hat, das folgt jenem in der Dauer. Also folgt die Welt dem ersten Prinzip in der Dauer. Ein ewiges Seiendes aber würde auf nichts in der Dauer folgen. Daher ist die Welt nicht ewig.

2. Nichts kann Gott gleichkommen. Wäre nun die Welt ewig, so käme die Welt Gott in der Dauer gleich. Das aber ist unmöglich.[3]

3. Eine endliche Kraft kann keine unendliche Dauer bewirken, weil die Dauer nicht die sie bewirkende Kraft übertrifft. Die Kraft des Himmels aber ist endlich, wie auch die Kraft jedes beliebigen endlichen Körpers.[4] Also bewirkt die Kraft des Himmels keine ewige Dauer. Also ist der Himmel nicht ewig. Also auch nicht die ganze Welt, da die Welt dem Himmel nicht vorausgeht.

---

[2] Die ganze Einleitung ist im Lateinischen kunstvoll als einziger Satz konstruiert.

[3] Vgl. Augustinus, De civ. Dei, XII, c. 16. – Die Stellenhinweise verdanken wir der lat. Textausgabe von Green-Pedersen. Herangezogen wurden ferner die ausgezeichnete englische Übersetzung von John F. Wippel: Boethius of Dacia, On the Supreme Good, On the Eternity of the World, On Dreams, Translation and Introduction by John F. Wippel, Toronto 1987, S. 9-19 und S. 36-67; sowie die Abbreviatio opusculi Boetii de Dacia De aeternitate mundi confecta a Godefrido de Fontibus, abgedruckt als Appendix in: Boethius de Dacia, De aeternitate mundi, hrsg. von Géza Sajó, Berlin 1964, S. 65-70 (= Quellen und Studien zur Geschichte der Philosophie, Bd. IV).

[4] Vgl. Aristoteles, Physik, VIII, 10 (266 a 24f.) (s.o. den ersten Thomas-Text, Anm. 66).

4. Item, deus praecedit mundum secundum naturam. In deo autem idem est natura et duratio. Ergo deus praecedit mundum secundum durationem. Ergo mundus non est aeternus.

5. Item, omne creatum est ex nihilo factum. In hoc enim differunt creatio et generatio, quia generatio omnis est ex subiecto et materia; ideo generans non potest in totam substantiam rei; creatio autem non est ex subiecto et materia, et ideo creans potest in totam substantiam rei. Mundus autem est creatus, quia ante mundum non erat subiectum et materia ex qua fieret mundus. Ergo mundus est ex nihilo. Tale autem est ens postquam fuit non-ens; cum igitur simul non potuit esse ens et non-ens, ergo prius fuit non-ens et postmodum ens. Sed omne illud quod habet esse post non-esse, illud est novum. Mundus igitur est novus. Ergo non est aeternus, cum novum et aeternum non compatiantur se in eodem.

6. Item, cui potest fieri additio, illo potest aliquid esse maius. Toti tempori quod praecessit potest fieri additio temporis, ergo et toto tempore quod praecessit potest esse aliquid maius. Infinito autem nihil potest esse maius. Ergo totum tempus quod praecessit non est infinitum. Ergo neque motus nec mundus.

7. Item, si mundus esset aeternus, tunc generatio animalium et plantarum et corporum simplicium esset aeterna. Ergo individuum demonstratum esset ex infinitis causis generantibus, quia si generatio esset aeterna, tunc hoc individuum hominis praecederet illud et hoc illud, et sic in infinitum. Unum autem effectum esse ex infinitis causis

4. Gott geht der Welt dem Wesen nach voraus. In Gott aber sind Wesen und Dauer dasselbe. Also geht Gott der Welt auch der Dauer nach voraus. Also ist die Welt nicht ewig.[5]

5. Alles Geschaffene ist aus nichts gemacht.[6] Nun aber unterscheiden sich Schöpfung und Zeugung/Entstehung[7] darin, daß jede Entstehung aus einem Zugrundeliegenden und Materie[8] hervorgeht. Daher erstreckt sich das Vermögen des Zeugenden nicht auf die ganze Substanz der Sache. Schöpfung hingegen erfolgt nicht aus einem Träger und Materie, und daher erstreckt sich das Vermögen des Schaffenden auf die ganze Substanz der Sache. Die Welt aber ist geschaffen, weil es vor der Welt keinen Träger und keine Materie gab, aus der die Welt hätte werden können. Also ist die Welt aus nichts. Ein solches [aus nichts] aber ist seiend, nachdem es nicht-seiend war; da es nun nicht zugleich seiend und nicht-seiend sein konnte, war es folglich zuerst nicht-seiend und hinterher seiend. Doch alles, was Sein nach Nicht-Sein hat, ist neu[9]. Die Welt ist also neu. Also ist sie nicht ewig, da [die Prädikate] „neu" und „ewig" für ein und dieselbe Sache nicht kompatibel sind.

6. Wenn zu etwas etwas addiert werden kann, kann es etwas Größeres geben als dieses. Zur ganzen Zeit, die vergangen ist, kann Zeit addiert werden. Also kann es noch etwas Größeres geben als die ganze vergangene Zeit. Etwas Größeres als das Unendliche aber kann es nicht geben. Also ist die ganze vergangene Zeit nicht unendlich. Also auch nicht die Bewegung noch die Welt.

7. Wenn die Welt ewig wäre, dann wäre die Zeugung bzw. Entstehung der Pflanzen und Tiere und der einfachen Körper ewig. Also ginge ein bestimmtes Individuum aus unendlich vielen Entstehungsursachen hervor, denn wenn die Zeugung ewig wäre, dann würde diesem menschlichen Individuum jenes vorausgehen und dem jenes und so ins Unendliche. Daß aber eine Wirkung aus unendlich vielen Wirk-

---

[5] Vgl. sum. theol. I, 46, 1 obj. 8 (DThA, Bd. 4, S. 53).
[6] Vgl. sum. theol. I, 46, 2 obj. 2 (a.a.O., S. 60f.).
[7] Lat. „generatio".
[8] Im Gegensatz zur Schöpfung „aus nichts". – Der Ausdruck „ex subiecto et materia" meint wohl in beiden Gliedern das Woraus, die Stoffursache der Entstehung. Vgl. Anm. 24.
[9] Neu in diesem grundsätzlichen, ontologischen Sinn heißt: was einen Anfang hat.

agentibus est impossibile, quoniam si non sit primum agens vel movens, non est motus, quia primum movens est causa totius motus, ut scribitur II. *Metaphysicae*, et de se patet. Inter autem infinita agentia nullum potest esse primum. Ergo haec generatio non est aeterna, ergo neque mundus.

8. Item, vult ARISTOTELES VI. *Physicorum* quod eiusdem rationis est magnitudo, motus et tempus, quantum ad finitatem et infinitatem. Cum igitur nulla magnitudo sit infinita, sicut probat ARISTOTELES III. *Physicorum*, ergo nec motus est infinitus nec tempus. Ergo nec mundus, cum mundus non sit sine istis.

9. Item, si mundus esset aeternus, tunc infiniti homines essent generati et corrupti. Homine autem corrupto manet substantia quae in corpore erat, anima scilicet rationalis, cum ipsa sit ingenerabilis et incorruptibilis, et sic tales substantiae infinitae essent simul in actu. Infinita autem esse simul in actu est impossibile. Ergo et cetera.

10. Item, si mundus esset aeternus, tunc motus infinitus esset pertransitus et infinitum tempus, quia si mundus esset aeternus, tunc tempus praecedens hoc instans esset infinitum. Sed infinitum esse pertransitum et acceptum est impossibile. Ergo et cetera.

11. Item, quod habet causam aliam, hoc habet initium. Mundus habet causam aliam: „Mare enim factum est, quia mundus factus est",

ursachen hervorgeht ist unmöglich, weil es ja, wenn kein erstes Wirkendes oder Bewegendes da ist, auch keine Bewegung gibt, wie im zweiten Buch der *Metaphysik*[10] steht und an sich klar ist. Denn unter unendlich vielen Wirkursachen kann keine die erste sein. Also ist diese Zeugung nicht ewig, also auch die Welt nicht.

8. ARISTOTELES behauptet im 6. Buch der *Physik*[11], daß es mit Größe, Bewegung und Zeit mit Bezug auf Endlichkeit und Unendlichkeit die gleiche Bewandtnis habe. Da aber keine Größe unendlich ist, wie ARISTOTELES im 3. Buch der *Physik*[12] beweist, ist folglich weder die Bewegung noch die Zeit unendlich. Also auch nicht die Welt, da die Welt nicht ohne jene ist.

9. Wäre die Welt ewig, dann wären unendlich viele Menschen entstanden und vergangen. Wenn aber ein Mensch vergangen ist, bleibt die Substanz, die im Körper war, nämlich die Vernunftseele, die ja unerzeugbar und unvergänglich ist, und so gäbe es unendlich viele solcher Substanzen in actu[13] zugleich. Daß es aber Unendliches in actu zugleich gibt, ist unmöglich.[14] Also, etc.

10. Wäre die Welt ewig, dann wäre eine unendliche Bewegung ganz durchlaufen und eine unendliche Zeit, weil – wäre die Welt ewig – dann die diesem Augenblick vorangehende Zeit unendlich wäre. Aber es ist unmöglich, daß das Unendliche ganz durchlaufen und erfaßt[15] ist. Also, etc.

11. Was eine andere Ursache hat, das hat einen Anfang. Die Welt hat eine andere Ursache: „Das Meer nämlich ist geschaffen, weil die Welt geschaffen ist", wie es im 2. Buch der *Meteorologie*[16] heißt. Al-

---

[10] Aristoteles: Metaphysik, II, 2 (994 a 11-19).
[11] Aristoteles: Physik, VI, 1 (231 b 18-20); VI, 4 (235 a 37 - 235 b 1). Vgl. aber III, 7 (207 b 21-25).
[12] Aristoteles: Physik, III, 6 (206 a 16); III, 5 (206 a 7f.). Gemeint sind räumliche Größen, d.h. Körper.
[13] D.h. aktuell, in Wirklichkeit (Gegensatz: potentiell, der Möglichkeit nach).
[14] Unendliche Größen gibt es nach Aristoteles nur in Potentialität, nie in Aktualität: vgl. Physik, III, 5-8 , De gen. et corr., I, 3 (318 a 20f.) und die Angaben zum Bonaventura-Text, Anm. 23.
[15] Vgl. den Bonaventura-Text, Anm. 18 und 20.
[16] Aristoteles: Meteor., II, 3 (356 b 4-7).

sicut dicitur II. *Meteororum*. Ergo mundus habet initium. Quod autem habet initium, non est aeternum. Ergo et cetera.

[III.]
In contrarium arguitur, et primo quod mundus possit esse aeternus, et quod ex hoc nullum sequatur impossibile; secundo ostenditur quod mundus sit aeternus.

1. Primum sic: Licet effectus sequatur suam causam naturaliter, potest tamen simul esse cum sua causa in duratione. Mundus et totum ens causatum est effectus primi entis. Ergo, cum primum ens sit aeternum, mundus potest sibi esse coaeternus.
Maior patet, quia prioritas et posterioritas naturae et simultas durationis compatiuntur se.
Minor etiam patet, quia sicut in omni genere oportet quod primum sit causa aliorum, sic et in genere entis oportet quod primum ens sit causa omnium aliorum. Et ex hoc sequitur quod illud primum ens sit ens non causatum, quoniam ipsum debet esse causa sufficiens rerum. Sed nulla res causata est sufficiens causa alicuius sui effectus, quoniam a quo dependet essentia entis causati, ab eodem dependet omnis eius effectus. Ergo primum ens oportet esse ens non habens aliam causam; aliter enim primum ens non esset.

2. Hoc idem apparet per ARISTOTELEM VIII. *Physicorum* qui dicit quod licet aliquid sit aeternum, non tamen debet poni principium; triangulum enim habere tres angulos aequales duobus rectis est aeternum, huius tamen aeterni quaerenda est altera causa. Ergo aeternum potest habere causam. Cum igitur nihil in duratione potest praecedere illud quod est aeternum, igitur effectus potest esse coaeternus suae causae. Mundus est effectus primi entis. Ergo mundus potest esse sibi coaeternus.

so hat die Welt einen Anfang. Was aber einen Anfang hat, ist nicht ewig. Also, etc.

[III. Argumente für die *Möglichkeit* einer ewigen Welt]

Dagegen wird argumentiert – zuerst, daß die Welt ewig sein *kann*, und daß daraus nichts Unmögliches folgt; zweitens wird gezeigt, daß die Welt ewig ist.[17]

1. Zum ersten Punkt folgendes: Wenn auch eine Wirkung in der Wesensordnung auf ihre Ursache folgt, kann sie dennoch in der Dauer mit ihrer Ursache zugleich sein. Die Welt und jedes verursachte Seiende ist eine Wirkung des ersten Seienden. Wenn also das erste Seiende ewig ist, kann die Welt ihm gleichewig sein.

Der Obersatz ist klar, weil das Früher- und Spätersein im Wesen und die Gleichzeitigkeit in der Dauer miteinander kompatibel sind.

Der Untersatz ist auch klar, weil, wie in jeder Gattung das Erste die Ursache des anderen sein muß, so auch in der Gattung des Seienden das erste Seiende die Ursache von allem anderen sein muß. Und daraus folgt, daß jenes erste Seiende nicht verursacht ist, weil es ja selbst die zureichende Ursache der anderen Dinge sein muß. Kein verursachtes Ding aber ist die zureichende Ursache irgendeiner seiner Wirkungen, denn: wovon das Wesen eines verursachten Seienden abhängt, von ebendem hängt jede seiner Wirkungen ab. Also darf das erste Seiende keine andere Ursache haben; sonst wäre es nämlich nicht das erste Seiende.

2. Dasselbe erhellt aus ARISTOTELES, 8. Buch der *Physik*, der sagt, daß etwas, auch wenn es ewig ist, dennoch nicht als Anfang angesprochen werden muß: daß nämlich ein Dreieck drei Winkel gleich zwei rechten habe, ist ewig; trotzdem ist für dies Ewige eine andere Ursache zu suchen.[18] Also kann Ewiges eine Ursache haben. Da nun nichts in der Dauer dem vorhergehen kann, was ewig ist, kann folglich eine Wirkung ihrer Ursache gleichewig sein. Die Welt ist die Wirkung des ersten Seienden. Also kann die Welt ihm gleichewig sein.

---

17 Wie sich aus dem weiteren Verlauf der Diskussion ergeben wird, ist die Argumentation für die Ewigkeit der Welt nicht zwingend (vgl. Teil [VI.] als Erwiderung auf [IV.]).
18 Aristoteles: Physik, VIII, 1 (252 b 2-4).

3. Item, patet per exemplum: si sol semper fuisset in nostro hemisphaerio, lumen semper fuisset in medio, et fuisset lumen coaeternum soli, et tamen effectus eius. Quod non esset, nisi effectus posset esse simul cum sua causa in duratione.

4. Item, si pes semper fuisset in pulvere, vestigium sibi fuisset coaeternum, et tamen effectus eius.

5. Item, hoc idem arguitur per rationem sic: nihil est aeternum in futuro absque praeterito, quia virtus quae potest facere durationem aeternam alicuius rei in futuro, ipsa potest fecisse durationem aeternam eiusdem rei in praeterito, cum illa virtus sit intransmutabilis et semper uno modo se habens.

Mundus autem est aeternus in futuro et secundum sententiam christianae fidei et secundum quorundam philosophorum opinionem.

Ergo per eandem virtutem potuit fuisse aeternus in praeterito.

Sic ergo mundus potest esse aeternus, et ex hoc nullum videtur sequi impossibile per rationem, nec ex hoc potest argumentari aliquod inconveniens. Et hoc apparebit illi qui studium suum posuerit ad hoc.

[IV.]

Quod autem mundus sit aeternus, arguitur sic:

1. Omne incorruptibile habet virtutem ut sit semper, quia si talem virtutem non haberet, incorruptibile non esset. Mundus autem est incorruptibilis, quia omne ingenitum est incorruptibile. Ergo mundus habet virtutem ut sit semper. Res autem est per totam durationem ad quam virtus sua essendi se extendit. Ergo mundus est aeternus.

2. Item, illud est aeternum, quod non habet ante se aliquam durationem; omne enim novum habet ante se aliquam durationem. Sed mundus ante se nullam habuit durationem, quoniam non tempus: tem-

3. Durch ein Beispiel wird klar: Wäre die Sonne immer in unserer Hemisphäre gewesen, so wäre das Licht immer im Medium[19] gewesen, und das Licht wäre der Sonne gleichewig und dennoch ihre Wirkung gewesen. Das wäre nicht der Fall, wenn eine Wirkung mit ihrer Ursache in der Dauer nicht zugleich sein könnte.

4. Wenn ein Fuß immer im Sand gestanden hätte, wäre die Spur ihm gleichewig und dennoch seine Wirkung.[20]

5. Dasselbe läßt sich durch ein Argument so begründen: Nichts ist in der Zukunft ewig ohne Vergangenheit, denn die Kraft, die die ewige Dauer einer Sache in der Zukunft bewirken kann, kann auch die ewige Dauer derselben Sache in der Vergangenheit bewirkt haben, da jene Kraft unveränderlich ist und sich immer auf ein und dieselbe Weise verhält.

Die Welt aber ist in der Zukunft ewig sowohl nach der Lehre des christlichen Glaubens[21] als auch nach der Meinung einiger Philosophen.

Also konnte sie durch dieselbe Kraft auch in der Vergangenheit ewig sein.

So kann die Welt also ewig sein, und es scheint daraus nichts für die Vernunft Unmögliches zu folgen, noch kann daraus irgend etwas Ungereimtes gefolgert werden. Und das wird dem aufgehen, der sein Studium darauf verlegt.

[IV. Argumente für die Ewigkeit der Welt]

Daß aber die Welt ewig ist, wird so begründet.

1. Alles Unvergängliche hat die Kraft, immer zu sein, denn wenn es eine solche Kraft nicht hätte, wäre es nicht unvergänglich. Die Welt aber ist unvergänglich, weil alles Ungewordene unvergänglich ist. Also hat die Welt die Kraft, immer zu sein. Eine Sache aber ist die ganze Dauer hindurch, über die sich ihre Seinskraft erstreckt. Also ist die Welt ewig.

2. Ewig ist jenes, dem keinerlei Dauer vorausgeht; allem Neuen nämlich geht irgendeine Dauer voraus. Aber der Welt ging keine Dauer voraus, weil ja auch keine Zeit: Denn die Zeit war nicht vor der

---

[19] D.h. in der Luft.
[20] Vgl. Augustinus, De civ. Dei, X, c. 31.
[21] Vgl. sum. theol. I, 104, 4 mit Berufung auf Koh 3, 14.

pus enim non erat ante mundum, quia tempus sequitur motum primi mobilis, ut passio subiectum non erat aeternitas ante mundum, quoniam illud numquam est quod habet ante se aeternam durationem; si ergo ante mundum fuisset aeterna duratio, mundus numquam fuisset.

3. Item, quod fit de novo, hoc potest fieri, quia si non, tunc fieret quod impossibile est fieri. Quo autem res potest fieri haec est materia. Sed ante mundi factionem non erat aliqua materia ex qua mundus fieret. Ergo mundus non est de novo factus. Ergo est aeternus, cum inter novum et aeternum non sit medium.

4. Item, omne novum factum est per transmutationem, quoniam qui tollit transmutationem, tollit omnem novitatem. Omnis autem transmutatio habet subiectum et materiam, ut scribitur principio VIII. *Metaphysicae* et VII. eiusdem, et III. *Physicorum*: „quoniam motus et omnis mutatio est actus entis in potentia secundum quod huiusmodi". Cum igitur ante mundum non fuerit aliqua materia et subiectum transmutationis quae exigeretur ad novam factionem mundi, si mundus esset factum novum, ergo mundus non est novum factum, sed aeternum.

5. Item, omne novum est in tempore, quoniam novum in aliqua duratione oportet quod fiat in parte illius; quod enim fit in toto die, non est novum in die, et quod est in toto anno, illud non est novum in anno, sed illud quod est novum in anno oportet quod sit in aliqua par-

Welt, weil die Zeit der Bewegung des ersten Bewegbaren folgt, wie die Bestimmung dem Subjekt. Und es gab auch keine Ewigkeit vor der Welt, weil ja jenes, dem eine ewige Dauer vorausgeht, nie ist. Hätte es also vor der Welt eine ewige Dauer gegeben, hätte es die Welt nie gegeben.

3. Was neu entsteht, *kann* entstehen.[22] Denn andernfalls entstünde, was unmöglich entstehen kann. Woraus aber ein Ding entstehen kann, das ist die Materie. Aber vor der Erschaffung der Welt gab es keine Materie, aus der die Welt hätte werden können. Also ist die Welt nicht neu erschaffen. Folglich ist sie ewig, da es zwischen neu und ewig kein Mittleres gibt.

4. Alles Neue ist durch Veränderung geworden, weil, wer die Veränderung aufhebt, alle Neuheit[23] aufhebt. Jede Veränderung aber hat ein Zugrundeliegendes und eine Materie, wie zu Anfang des 8. Buches der *Metaphysik*, im 7. Buch desselben Werkes[24] und im 3. Buch der *Physik* geschrieben steht: „daß Bewegung und jede Veränderung der Akt eines in Potenz Seienden als eines solchen ist"[25]. Da es nun vor der Welt keine Materie und nichts der Veränderung Zugrundeliegendes gab, was zu einer neuen Erschaffung der Welt erfordert würde (wenn die Welt neu geschaffen wäre), so ist die Welt nicht etwas neu Geschaffenes, sondern Ewiges.

5. Alles Neue ist in der Zeit, weil ja das in irgendeiner Dauer Neue in einem *Teil* derselben entstehen muß. Denn was während des *ganzen* Tages entsteht, ist an dem Tag nicht neu, und was während des *ganzen* Jahres ist, ist in dem Jahr nicht neu, sondern was neu in einem Jahr ist, das muß in irgendeinem *Teil* des Jahres sein. Unter

---

[22] Gemäß der logischen Regel: Ab actu ad posse valet consecutio – der Schluß von der Wirklichkeit auf die Möglichkeit, vom Sein aufs Seinkönnen, ist zulässig (umgekehrt nicht). (Kursive vom Übers.)

[23] Vgl. Anm. 9.

[24] Aristoteles: Metaphysik, VIII, 1 (1042 a 32-34) über das Zugrundeliegende (hypokeimenon, subjectum); VII, 7 (1032 a 17-20) über die Materie (hyle, materia). Vgl. I, 3 (983 a 29f.).

[25] Aristoteles: Physik, III, 1 (201 a 10f.). Pointierter übersetzt R. Spaemann: „Bewegung ist die Wirklichkeit des Möglichen als des Möglichen." R. Spaemann/R. Löw: Die Frage Wozu?, 3. Aufl. München 1991, S. 57 mit Anm. 11 und 12 (S. 76).

te anni. Inter autem durationes omnes solum tempus partes habet. Mundus autem non est ante tempus. Ergo mundus non est novus, sed aeternus.

6. Item, omnis generatio est ex corrupto, et omne corruptum est prius generatum; similiter omnis corruptio est ex generato, et omne generatum est ex corrupto. Ergo ante omnem generationem est generatio, et ante omnem corruptionem est corruptio. Ergo non convenit dare primam generationem nec primam corruptionem. Ergo generatio et corruptio est aeterna. Ergo mundus est aeternus, quia quae generantur et corrumpuntur sunt partes mundi quae non possunt praecedere mundum in duratione.

7. Item, effectus suam causam sufficientem non potest sequi in duratione. Causa sufficiens mundi est aeterna, quia ipsa est primum principium. Ergo mundus non potest ipsam sequi in duratione. Ergo mundus est sibi coaeternus. Et confirmatur ratio:
ens aeternum et secundum suam substantiam et secundum omnem suam dispositionem, cui nihil acquisitum est in futuro, et cui nihil deficit in praeterito ex his per quae effectum suum produceret, facit effectum suum immediatum sibi coaeternum. Deus est ens aeternum secundum substantiam et secundum omnem, quaecumque in eo est, dispositionem, cui nihil acquisitum est in futuro, et cui nihil deficit in

allen Arten von Dauer[26] aber hat nur die Zeit Teile. Die Welt aber ist nicht vor der Zeit. Also ist die Welt nicht neu, sondern ewig.

6. Alle Entstehung ist aus Vergangenem[27], und alles Vergangene ist zuvor entstanden. Entsprechend ist alles Vergehen aus Entstandenem, und alles Entstandene ist aus Vergangenem. Also ist vor jedem Entstehen Entstehen und vor jedem Vergehen Vergehen. Also ist es nicht angebracht, ein erstes Entstehen bzw. ein erstes Vergehen anzunehmen. Also ist die Welt ewig, weil, was entsteht und vergeht, Teile der Welt sind, die der Welt nicht in der Dauer vorhergehen können.

7. Eine Wirkung kann ihrer zureichenden Ursache in der Dauer nicht folgen.[28] Die zureichende Ursache der Welt ist ewig, weil sie das erste Prinzip ist. Also kann die Welt ihr in der Dauer nicht folgen. Also ist die Welt ihr gleichewig. Das Argument wird erhärtet:
Ein sowohl hinsichtlich seiner Substanz als auch seiner ganzen Anlage nach ewiges Seiendes, dem nichts in der Zukunft zu erwerben ist und dem nichts in der Vergangenheit von dem fehlt, wodurch es seine Wirkung hervorbringen sollte, führt eine unmittelbare, ihm gleichewige Wirkung herbei. Gott ist hinsichtlich seiner Substanz und seiner ganzen Anlage nach (wie auch immer sie bei ihm beschaffen ist[29]) ein ewiges Seiendes, dem nichts in der Zukunft zu erwerben ist und dem

---

26 Arten von Dauer sind die Zeit, das Aevum und die Ewigkeit. Letztere gibt das Maß für das Sein Gottes (unvollkommene Ausdrucksweise, vgl. sum. theol. I, 10, 2 ad 3), das Aevum für das der Engel, die Zeit für das der Menschen und der übrigen Kreatur (vgl. sum. theol. I, 10, 4 und 5). (Kursive vom Übers.)

27 Das Entstehen des einen ist das Vergehen des anderen (generatio unius est corruptio alterius) und umgekehrt: vgl. Aristoteles, De gen. et corr., I, 3 (318 a 23-25).

28 D.h. mit Setzung der zureichenden Ursache stellt sich *gleichzeitig* die Wirkung ein, vgl. Avicenna, Metaphysik, tract. IX, c. 1 (s. den Bonaventura-Text, Anm. 10); sum. theol. I, 46, 1 obj. 9; ScG II, 32.

29 Von einer Anlage (dispositio) in Gott kann strenggenommen nicht die Rede sein, da in Gott nichts künftiger Vollendung Harrendes „angelegt" ist: Er ist ja reiner Akt, reine Wirklichkeit (actus purus): vgl. ScG I, 16, 43; sum. theol. I, 3, 2, etc. (Dementsprechend gibt es in Gott auch keinen Habitus: vgl. ScG I, 92.) – Boethius von Dacien bemerkt an anderer Stelle (Modi Significandi, q. 3, in: Corpus Philosophorum Danicorum Medii Aevi I, S. 17, Z. 47f.), die „getrennten Substanzen" (Engel, vgl. Anm. 68) „sind immer in ein und derselben Disposition und verändern sich nicht" (vgl. ebda., q. 88, a.a.O., S. 207, Z. 42f.).

praeterito ex his per quae effectum suum produceret, et mundus est suus effectus immediatus. Ergo mundus est deo coaeternus.

8. Item, ARISTOTELES dicit IX. *Metaphysicae* quod agens per voluntatem, cum potest et vult, tunc agit, nec oportet addere: si non sit impedimentum, quoniam posse removet impedimentum. Sed deus ab aeterno habuit potentiam et voluntatem faciendi mundum. Ergo mundus est factum aeternum.

9. Item, omnis effectus novus aliquam novitatem requirit in aliquo suorum principiorum, quoniam si omnia principia alicuius effectus semper se haberent uno modo, ex eis non posset fieri effectus, cum prius non esset. Sed in principio mundi – quod est ens primum – nulla est novitas possibilis. Ergo mundus non est effectus novus. Et confirmatur ratio:
aliquod agens, si ipsum est novum secundum substantiam suam, ipsum potest esse causa novi effectus, aut quia ipsum est aeternum secundum substantiam, novum tamen secundum aliquam virtutem vel situm – sicut apparet in corpore caeli – aut quia prius subiacebat impedimento, aut quia in subiecto ex quo agit facta est nova dispositio. In causa mundi nullum istorum est possibile, ut de se apparet. Ergo mundus non est causatum novum.

10. Item, omne quod movetur post quietem, reducitur ad motum continuum qui semper est, quoniam quod aliquid quandoque movetur, quandoque quiescit, non potest contingere ex causa immobili. Cum igitur in motibus non poterit procedere in infinitum, quorum unus est causa alterius, ergo oportet primum motum esse continuum et aeternum. Et propter hanc rationem ARISTOTELES VIII. *Physicorum* omnem motum novum reducit ad motum primum – sicut ad suam causam – qui secundum opinionem suam est aeternus. Et hanc opinionem tenet ARISTOTELES propter hanc rationem: Motus qui semper habet

nichts in der Vergangenheit von dem fehlt, wodurch es seine Wirkung hervorbringen sollte, und die Welt ist seine unmittelbare Wirkung. Also ist die Welt Gott gleichewig.

8. ARISTOTELES sagt im 9. Buch der *Metaphysik*[30], daß ein willentlich Wirkendes, wenn es kann und will, dann auch wirkt, und man nicht hinzuzufügen braucht: wenn es kein Hindernis gibt, denn das Können hebt das Hindernis auf. Gott aber hatte von Ewigkeit die Möglichkeit und den Willen, die Welt zu erschaffen. Also ist die Welt ein geschaffenes Ewiges.

9. Jede neue Wirkung erfordert irgendeine Neuheit in irgendeinem ihrer Ursprünge, denn wenn alle Ursprünge einer Wirkung sich immer auf ein und dieselbe Weise verhielten, könnte aus ihnen keine Wirkung hervorgehen, wenn es sie nicht schon vorher gäbe. Aber im Ursprung der Welt – welcher das erste Seiende ist – ist keine Neuheit möglich. Also ist die Welt keine neue Wirkung. Das Argument wird erhärtet:
Ein Wirkendes kann, wenn es seiner Substanz nach *neu* ist, selbst Ursache einer neuen Wirkung sein – oder [es kann Ursache einer neuen Wirkung sein,] weil es der Substanz nach [zwar] *ewig* ist, neu aber hinsichtlich seiner Kraft oder Lage (wie bei einem Himmelskörper ersichtlich), oder weil ihm vorher ein Hindernis im Weg stand, oder weil in dem Substrat, an dem es seine Wirkung hervorbringt, eine neue Disposition eingetreten ist. Bei der Ursache der Welt ist nichts von dem möglich, wie von selbst einleuchtet. Also ist die Welt kein neues Verursachtes.

10. Alles, was nach [einem] Ruhe[zustand] bewegt wird, läßt sich zurückführen auf eine ständige Bewegung, die immer ist, denn daß etwas bald bewegt wird, bald ruht, kann nicht von einer unbeweglichen Ursache herrühren. Da man nun bei Bewegungen, deren eine die Ursache der anderen ist, nicht ins Unendliche fortschreiten kann, muß also die erste Bewegung eine ständige und ewige sein. Aus diesem Grund führt ARISTOTELES im 8. Buch der *Physik*[31] jede neue Bewegung auf die erste Bewegung – als auf ihre Ursache – zurück, die nach seiner Meinung ewig ist. Und ARISTOTELES vertritt diese Mei-

---

[30] Aristoteles: Metaphysik, IX, 5 (1048 a 13-21).
[31] Aristoteles: Physik, VIII, 5 (256 a 8ff., 258 b 4ff.). – Kursive (s.o.) vom Übers.

causas sufficientes, non potest esse novus. Sed primus motus habet semper causas sufficientes, quia si non, tunc ipsum praecessisset alius motus, per quem facta esset sufficientia in causis suis, cum prius non esset, ergo ipse esset primus et non-primus quod est impossibile.

11. Item, voluntas quae postponit volitum, aliquid exspectat in futuro. Ante mundum nulla est exspectatio, quia ante mundum non est tempus, et nulla exspectatio est nisi in tempore. Ergo mundus non est postpositus voluntati divinae. Illa autem est aeterna. Ergo mundus voluntati divinae est coaeternus.

12. Item, omnis effectus, qui sufficienter dependet ab aliqua voluntate, inter quem et ipsam voluntatem nulla cadit duratio, simul est cum illa voluntate, quia simul sunt in duratione, inter quae nulla cadit duratio. Sed mundus sufficienter dependet a voluntate divina – aliam enim causam non habet – et inter illa nulla cadit duratio, quia non tempus: ante mundum enim non erat tempus; nec aeternitas, quia tunc non-esse mundi esset in aeternitate. Cum igitur illud est aeternum quod est in aeternitate, tunc non-esse mundi esset aeternum, ergo mundus numquam esset, quod est impossibile. Ergo mundus coaeternus est voluntati divinae.

13. Item, omnis effectus novus ante se requirit aliquam transmutationem vel in agente suo, vel in subiecto ex quo fit, vel saltem illam quae est adventus horae in qua agens, semper uno modo se habens, vult agere. Ante mundum nulla potuit esse transmutatio. Ergo mundus non potest esse effectus novus.

Respondebit aliquis quod immo mundus est factum novum, quia haec fuit forma voluntatis divinae ab aeterno, ut mundum produceret in hora in qua factus est. Ab antiqua enim voluntate potest procedere

nung aus folgendem Grund: Eine Bewegung, die immer zureichende Ursachen hat, kann nicht neu sein. Doch die erste Bewegung hat immer zureichende Ursachen, denn wenn nicht, wäre ihr eine andere Bewegung vorausgegangen, durch welche das Zureichendsein ihrer Ursachen bewirkt worden wäre, welches ja vorher nicht da war. Also wäre sie die erste und nicht-erste, was unmöglich ist.

11. Ein Wille, der das Gewollte aufschiebt, erwartet etwas in der Zukunft.[32] Vor der Welt gibt es keine Erwartung, weil es vor der Welt keine Zeit und nur in der Zeit Erwartung gibt. Also ist die Welt dem göttlichen Willen nicht [zeitlich] nachgeordnet. Dieser aber ist ewig. Also ist die Welt dem göttlichen Willen gleichewig.

12. Jede Wirkung, die von irgendeinem Willen als von ihrer zureichenden Ursache abhängt und bei der keine Dauer zwischen sie und diesen Willen fällt, ist mit diesem Willen zugleich – weil zugleich in der Dauer ist, wozwischen keine Dauer fällt. Nun hängt die Welt vom göttlichen Willen als von ihrer zureichenden Ursache ab – denn eine andere Ursache hat sie nicht –, und dazwischen fällt keine Dauer, weil keine Zeit (denn vor der Welt gab es keine Zeit), noch Ewigkeit (weil dann das Nicht-Sein der Welt in der Ewigkeit[33] wäre. Da nun ewig jenes ist, was in der Ewigkeit ist, wäre dann die Welt niemals – was unmöglich ist). Also ist die Welt mit dem göttlichen Willen gleichewig.

13. Jede neue Wirkung erfordert vor ihrem Eintreten irgendeine Veränderung entweder in ihrer Ursache oder in dem Substrat, aus dem sie entsteht, oder wenigstens die [Veränderung], die die Ankunft der Stunde darstellt, in der die Ursache, welche sich immer auf dieselbe Weise verhält, wirken will. Vor der Welt konnte es keinerlei Veränderung geben. Also kann die Welt keine neue Wirkung sein.

Es mag jemand erwidern, die Welt sei hingegen ein neues Geschaffenes, weil es die Form des göttlichen Willens von Ewigkeit war, die Welt in der Stunde hervorzubringen, in der sie geschaffen

---

[32] Vgl. sum. theol. I, 46, 1 obj. 6 (DThA, Bd. 4, S. 52).
[33] Daß das Nicht-Sein der Welt in der Ewigkeit liegt, nimmt dagegen Robert Grosseteste an, vgl.: De finitate motus et temporis, zit. in: R.C. Dales: Medieval Discussions of the Eternity of the World, Leiden 1990, S. 74, Anm. 57: „eorum (scil. mundi et eorum que cum mundo ceperunt) nonesse in eternitate fuit et eorum esse in tempore." „Ihr (der Welt und dessen, was mit der Welt begann) Nicht-Sein war in der Ewigkeit und ihr Sein in der Zeit."

effectus novus, et propter hoc non oportet quod contingat aliqua transmutatio vel in voluntate vel in volente; habet enim aliquis nunc voluntatem faciendi aliquid post tres dies, adveniente tertio die facit tunc quod prius voluit et ab antiquo, nec tamen facta est aliqua transmutatio in voluntate nec in volente. Et hoc modo mundus potest esse novus, quamquam habeat causam aeternam sufficientem.

Sed contra hunc modum ponendi arguitur sic: qui fingit antecedens, fingit omne quod ex ipso sequitur, nec ipsum certificat. Tu autem fingis in deo talem formam voluntatis ab aeterno, nec eam potes declarare. Et sic facile est omnia fingere. Dicet enim tibi aliquis quod non fuit talis forma divinae voluntatis ab aeterno, nec habes, unde sibi contradicas. Ergo etiam fingis mundum esse novum, nec hoc poteris declarare.

Item, contra eundem modum ponendi arguitur sic: volitum procedit a voluntate secundum formam voluntatis. Si ergo talis fuit forma voluntatis divinae quod ab aeterno voluit producere mundum in hora, ut tu dicis, ergo fuisset deo impossibile prius mundum produxisse, quod videtur inconveniens, cum deus sit agens per libertatem voluntatis.

Ad hanc rationem respondebis, quod immo deus potuit prius fecisse mundum, quia sicut habuit hanc formam voluntatis ab aeterno, sic potuit habere aliam, et ideo sicut mundum produxit in hora in qua factus est, sic potuit ipsum prius produxisse.

Sed contra hanc rationem arguitur sic: quod unius formae voluntatis est et potest esse alterius, hoc est transmutabile secundum voluntates. Sed deus penitus est intransmutabilis. Ergo non potest habere aliam formam voluntatis quam illam quam habuit ab aeterno.

wurde. Von einem alten Willen kann nämlich eine neue Wirkung kommen, und deswegen muß sich keine Veränderung im Willen oder im Wollenden zutragen. Denn jemand hat jetzt den Willen, drei Tage später etwas zu tun, und wenn der dritte Tag kommt, tut er, was er vorher und von alters her wollte, und doch ist weder im Willen noch im Wollenden irgendeine Veränderung geschehen. Und auf diese Weise kann die Welt neu sein, obwohl sie eine ewige zureichende Ursache hat.

Aber gegen diese Art des Ansatzes wird so argumentiert: Wer den Vordersatz erdichtet, erdichtet alles, was aus ihm folgt, ihn selbst aber macht er [dadurch] nicht wahr. Du aber dichtest Gott eine solche Willensform[34] von Ewigkeit her an, doch kannst du sie nicht erklären. Und so ist es leicht, alles zu erdichten. Allerdings wird dir jemand sagen, daß die Form des göttlichen Willens nicht von Ewigkeit so beschaffen war, und du hast nichts, auf Grund dessen du ihm widersprechen könntest. Also erdichtest du auch, die Welt sei neu, doch wirst du es nicht einsichtig machen können.

Desgleichen wird gegen ebendiesen Ansatz so argumentiert: Das Gewollte geht aus dem Willen der Form des Willens gemäß hervor. Wenn nun die Form des göttlichen Willens so beschaffen war, daß er von Ewigkeit die Welt zu einer [bestimmten] Stunde hervorbringen wollte, wie du sagst, dann wäre es Gott unmöglich gewesen, die Welt früher hervorzubringen. Das scheint unstatthaft, da Gott eine Ursache ist, die durch die Freiheit des Willens agiert.

Auf dieses Argument wirst du erwidern, Gott könnte die Welt allerdings früher geschaffen haben, weil er, so wie er diese Willensform von Ewigkeit her hatte, auch eine andere hätte haben können, und daher könnte er, so wie er die Welt in der Tat zu der Stunde hervorbrachte, in der sie geschaffen wurde, sie auch früher hervorgebracht haben.

Doch gegen dieses Argument wird folgendes eingewandt: Was eine Willensform hat und eine andere haben kann, das ist hinsichtlich seiner Willensregungen veränderlich. Gott aber ist ganz und gar unveränderlich. Folglich kann er keine andere Willensform haben als diejenige, die er von Ewigkeit hatte.

---

[34] Gemeint ist: ein Wille mit einer bestimmten Absicht. Wippel (vgl. Anm. 3) übersetzt „forma voluntatis" mit „intention".

Item, ab antiqua voluntate, inter quam et suum effectum non cadit transmutatio, non potest fieri novus effectus; quod enim effectus non est simul cum sua causa in duratione, hoc facit transmutatio cadens inter illa; qui enim transmutationem tollit, ipse tollit omnem exspectationem. Sed inter voluntatem dei, quae aeterna est, et mundum nulla potest cadere transmutatio. Ergo ante mundum nulla potest esse transmutatio. Ergo mundus coaeternus est voluntati divinae.

Item, secundum exemplum quod positum fuit, non est conveniens in proposito, scilicet quod homo aliquis nunc habet voluntatem faciendi aliquid post tres dies, adveniente autem tertia die facit illud quod ab antiquo voluit. Illud exemplum inconveniens est in proposito, quia licet in voluntate non sit facta transmutatio nec in volente, tamen facta est transmutatio quae est adventus horae, scilicet tertiae diei. Quod si nec facta esset transmutatio in volente, nec in passivo ex quo fieri debuit novus effectus, nec illa transmutatio quae est adventus horae, tunc ex antiqua voluntate non posset fieri novus effectus, quia omnis novus effectus requirit ante se aliquam transmutationem, ut diceret aliquis. Et quia ante mundum non est facta transmutatio in voluntate ex qua factus est mundus, nec in materia ex qua fieri deberet mundus – quoniam mundum non antecedit materia – nec etiam facta est illa transmutatio ante mundum quae est adventus alicuius horae, tunc videtur quod ex voluntate aeterna non potuerit fieri mundus novus. Et ideo illud exemplum inconveniens est in proposito.

Istae sunt rationes per quas quidam haeretici tenentes aeternitatem mundi nituntur impugnare sententiam christianae fidei, quae ponit mundum esse novum; contra quas expedit, ut christianus studeat diligenter, ut sciat eas perfecte solvere, si haereticus aliquis eas opponat.

Ebenso: Von einem alten Willen, bei dem zwischen ihm und seiner Wirkung keine Veränderung eintritt, kann keine neue Wirkung ausgehen. Daß nämlich eine Wirkung mit ihrer Ursache nicht in der Dauer zugleich ist, das macht die dazwischen eintretende Veränderung; denn wer die Veränderung aufhebt, der hebt jede Erwartung auf. Aber zwischen dem Willen Gottes, der ewig ist, und der [Erschaffung der] Welt kann keine Veränderung stattfinden. Also kann es vor der [Erschaffung der] Welt keine Veränderung geben. Folglich ist die Welt gleich ewig wie der göttliche Wille.

Desgleichen: Was das Beispiel angeht, das gebracht wurde, so paßt es hier nicht, nämlich daß ein Mensch jetzt den Willen hat, etwas drei Tage später zu tun, und wenn der dritte Tag kommt, das tut, was er von alters her wollte. Das Beispiel paßt hier nicht, weil – obwohl weder im Willen noch im Wollenden – dennoch ein Wandel stattgefunden hat, nämlich die Ankunft der Zeit, d.h. des dritten Tages. Denn wenn eine Veränderung weder im Wollenden vorgegangen wäre, noch im Substrat, aus dem die neue Wirkung hätte entstehen sollen, noch jene Veränderung, die die Ankunft der Zeit darstellt, dann könnte aus einem alten Willen keine neue Wirkung entstehen. Jede neue Wirkung erfordert ja vor sich irgendeine Veränderung, wie vielleicht jemand sagen würde. Und weil vor der Welt keine Veränderung stattgefunden hat in dem Willen, aus dem die Welt hervorgegangen ist, noch in der Materie, aus der die Welt werden sollte – da ja der Welt keine Materie vorausgeht – noch auch jene Veränderung stattgefunden hat, die die Ankunft einer bestimmten Zeit darstellt, so hat es eben den Anschein, daß aus einem ewigen Willen keine neue Welt habe entstehen können. Und daher ist jenes Beispiel hier fehl am Platz.

Das sind die Argumente, mit denen einige Häretiker, die die Ewigkeit der Welt behaupten, die Lehre des christlichen Glaubens zu bekämpfen suchen, die besagt, daß die Welt neu ist. Gegen diese Argumente ist es förderlich, daß der Christ gründlich studiert, um sie vollkommen auflösen zu können, wenn irgendein Häretiker sie vorbringt.

[V.]
Solutio:

Primo hic diligenter considerandum est quod nulla quaestio potest esse, quae disputabilis est per rationes, quam philosophus non debet disputare et determinare, quomodo se habeat veritas in illa, quantum per rationem humanam comprehendi potest. Et huius declaratio est, quia omnes rationes per quas disputatur ex rebus acceptae sunt; aliter enim essent figmentum intellectus. Philosophus autem omnium rerum naturas docet; sicut enim philosophia docet ens, sic partes philosophiae docent partes entis, ut scribitur IV. *Metaphysicae*, et de se patet. Ergo philosophus omnem quaestionem per rationem disputabilem habet determinare; omnis enim quaestio disputabilis per rationes cadit in aliqua parte entis, philosophus autem omne ens speculatur, naturale, mathematicum et divinum. Ergo omnem quaestionem per rationes disputabilem habet philosophus determinare. Et qui contrarium dicit, sciat se proprium sermonem ignorare.

Secundo est notandum quod nec naturalis nec mathematicus nec metaphysicus potest ostendere per rationes motum primum et mundum esse novum.

(a)

Quod autem naturalis non potest hoc ostendere, declaratur accipiendo duas suppositiones per se notas, quarum prima est: quod nullus artifex potest aliquid causare, concedere vel negare nisi ex principiis

[V. Lösung]
Lösung:
Erstens ist hier sorgfältig zu bedenken, daß[35] es keine Frage geben kann, die sich argumentativ erörtern läßt, die der Philosoph nicht erörtern und [in der er nicht] beurteilen sollte, wie sich die Wahrheit in ihr verhält, soweit das durch die menschliche Vernunft begriffen werden kann. Und die Erklärung dafür ist, daß alle Argumente, mit denen der Disput geführt wird, von den Dingen [selbst] genommen sind – sonst wären sie ja eine Fiktion des Verstandes. Der Philosoph aber lehrt die Naturen/das Wesen aller Dinge. Denn wie die Philosophie das Seiende lehrt, so lehren die Teile der Philosophie die Teile des Seienden, wie im 4. Buch der *Metaphysik*[36] steht und an sich klar ist. Also hat der Philosoph jede Frage, die rationaler Erörterung zugänglich ist, zu beurteilen; denn jede Frage, die [überhaupt] durch Vernunftgründe erörtert werden kann, fällt in irgendeinen Teil des Seienden; der Philosoph aber betrachtet alles Seiende: das Natürliche, das Mathematische und das Göttliche.[37] Folglich hat der Philosoph jede Frage, die sich argumentativ erörtern läßt, zu beurteilen. Und wer das Gegenteil sagt, soll wissen, daß er seine eigne Rede nicht versteht.

Zweitens ist zu bemerken, daß weder der Naturphilosoph, noch der Mathematiker, noch der Metaphysiker durch Vernunftgründe zeigen kann, daß die erste Bewegung und die Welt neu sind.

(a)
Daß es aber der Naturphilosoph nicht zeigen kann, wird deutlich, sobald man zwei unmittelbar einleuchtende Annahmen akzeptiert. Deren erste ist: Ein Meister in einer Kunst kann nur aus den Prinzi-

---

[35] Dieser Absatz war wohl ausschlaggebend für die Formulierung von Nr. 145 (Zählung nach dem Chartularium Universitatis Parisiensis, ed. Denifle/Chatelain) der 219 Thesen, die der Bischof von Paris, Etienne Tempier, am 7. März 1277 verurteilte. – Vgl. Aufklärung im Mittelalter? Die Verurteilung von 1277, übers., hrsg. und erklärt von Kurt Flasch, Mainz 1989, S. 212f.; R. Hissette, Enquête sur les 219 articles condamnés à Paris le 7 mars 1277, Louvain/Paris 1277, S. 23-26. – Vgl. auch Wippel, a.a.O. (s. Anm. 3), S. 11 mit Anm. 25.
[36] Aristoteles: Metaphysik, IV, 2 (1004 a 2-9).
[37] Vgl. Aristoteles, Metaphysik, VI, 1, wo Mathematik, Physik (= Naturphilosophie) und Theologie als (theoretische) *philosophische* Wissenschaften bezeichnet werden (1026 a 18f.).

suae scientiae. Secunda suppositio est: quod quamvis natura non sit primum principium simpliciter, est tamen primum principium in genere rerum naturalium, et primum principium quod naturalis considerare potest. Et ideo ARISTOTELES hoc considerans in libro *Physicorum*, qui est primus liber doctrinae naturalium, incepit non a primo principio simpliciter, sed a primo principio rerum naturalium, scilicet a materia prima, quam in secundo eiusdem dicit esse naturam.

Ex his autem ad propositum:

Natura non potest causare aliquem motum novum, nisi ipsum praecedat alius motus qui sit causa eius. Sed primum motum non potest alius motus praecedere, quia tunc non esset primus motus. Ergo naturalis, cuius primum principium est natura, non potest ponere secundum sua principia primum motum esse novum.

Maior patet, quia natura materialis nihil agit de novo nisi prius agatur ab alio; natura enim materialis non potest esse primus motor. Quomodo enim ens genitum erit primus motor? Et omne agens materiale est ens genitum. Nec est instantia de corpore caeli, quia si sit ens materiale, tamen non habet materiam univoce cum rebus generabilibus, transmutabilia enim sunt ad invicem quae materiam unius naturae communicant.

pien seiner Kunst etwas begründen, einräumen oder leugnen.[38] Die zweite Annahme ist: Obwohl die Natur nicht das erste Prinzip schlechthin ist, ist sie dennoch das erste Prinzip in der Gattung der natürlichen Dinge und das erste Prinzip, das der Naturphilosoph in Betracht ziehen kann. Und daher begann ARISTOTELES, dies bedenkend in der *Physik*, die das erste Buch der Lehre von den Naturdingen ist, nicht mit dem ersten Prinzip schlechthin, sondern mit dem ersten Prinzip der natürlichen Dinge, d.h. mit der materia prima, von der er im zweiten Buch desselben Werks sagt, sie sei die Natur.[39]

Von hier aus aber zur Sache:

Die Natur kann nicht irgendeine neue Bewegung verursachen, wenn dieser nicht eine andere Bewegung vorausgeht, die deren Ursache ist. Der ersten Bewegung aber kann keine andere Bewegung vorausgehen, weil sie sonst nicht die erste Bewegung wäre. Folglich kann der Naturphilosoph, dessen erstes Prinzip die Natur ist, nach seinen Prinzipien nicht behaupten, daß die erste Bewegung neu ist.

Der Obersatz ist klar, weil die materielle Natur nichts neu in Bewegung setzt, wenn sie nicht vorher von anderem in Bewegung gesetzt wird; die materielle Natur kann nämlich nicht der erste Beweger sein. Wie sollte denn ein entstandenes Seiendes der erste Beweger sein? Und jedes materielle Agens ist ein entstandenes Seiendes. Auch die Berufung auf den Himmelskörper geht nicht an. Denn auch wenn er ein materielles Seiendes ist, hat er dennoch keine Materie nach Art der Dinge, die entstehen können. Was Materie von ein und derselben Natur gemeinsam hat, ist nämlich gegenseitig ineinander verwandelbar.[40]

---

[38] Gedacht ist an die „freien Künste", die in der Artes-Fakultät (an der Boethius von Dacien Magister war) gelehrt wurden.

[39] Aristoteles: Physik, I, 7-9; II, 1 (193 a 28f.). In der zuletzt zitierten Stelle heißt es (übers. von Zekl): „Das ist die *eine* Weise, in der man von ‚Naturbeschaffenheit' [griech. physis, lat. natura] spricht, nämlich: Der erste, einem jeden zugrundeliegende Stoff der Dinge ..." Die andere Bedeutung von ‚Natur' meint die *Form* der Dinge. Vgl. a.a.O., II, 2 (194 a 12f.). Zum Begriff *materia prima* vgl. den ersten Thomas-Text, Anm. 1.

[40] Die vier sublunaren Elemente Wasser, Luft, Feuer, Erde können ineinander übergehen, der Stoff, aus dem die supralunare Welt besteht, die „quinta essentia", ist dagegen unwandelbar.

Item, omnis effectus naturalis novus aliquam requirit novitatem in suis immediatis principiis. Novitas autem non potest esse in aliquo ente sine transmutatione praecedente; qui enim tollit transmutationem, ipse tollet omnem novitatem. Ergo natura nullum motum vel effectum novum causare potest sine transmutatione praecedente. Ideo secundum naturalem, cuius primum principium est natura, motus primus, quem nulla transmutatio praecedere potest, non potest esse novus.

Maior patet, quia si omnia principia immediata alicuius effectus naturalis semper fuissent in eadem dispositione, ex eis non posset ille effectus nunc esse, cum prius non esset. Quaeram enim, quare magis nunc quam prius, nec habes, unde respondebis. Dico autem in hac ratione ‚principia immediata', quia licet effectus naturalis sit novus, non propter hoc oportet quod in suis principiis mediatis et primis facta sit aliqua transmutatio et novitas. Quamvis enim proxima principia rerum generabilium transmutantur et quandoque sunt, quandoque non sunt, primae tamen causae earum semper sunt.

Ex his apparet manifeste quod naturalis non potest ponere aliquem motum novum, nisi ipsum praecedat aliquis motus qui sit causa eius. Ergo, cum necesse sit in mundo ponere aliquem motum primum – non enim contingit abire in infinitum in motibus quorum unus sit causa alterius – sequitur quod naturalis ex sua scientia et suis principiis, quibus ipse utitur, non potest ponere primum motum novum.

Ideo ARISTOTELES VIII. *Physicorum* quaerens utrum motus aliquando factus sit, cum prius non esset, et utens his principiis, quae modo dicta sunt, et loquens ut naturalis ponit motum primum aeternum ex utraque parte. Ipse in eodem VIII. *Physicorum* quaerens, qua-

Desgleichen: Jede neue Wirkung in der Natur erfordert irgendeine Neuheit in ihren unmittelbaren Prinzipien. Neuheit aber kann es in einem Seienden nicht geben ohne vorhergehende Veränderung; denn wer die Veränderung aufhebt, der hebt auch alle Neuheit auf. Also kann die Natur keine neue Bewegung oder Wirkung verursachen ohne vorhergehende Veränderung. Daher kann dem Naturphilosophen zufolge, dessen erstes Prinzip die Natur ist, die erste Bewegung, der keine Veränderung vorhergehen kann, nicht neu sein.

Der Obersatz ist klar, denn wenn alle unmittelbaren Prinzipien einer Wirkung in der Natur immer in derselben Disposition gewesen wären, könnte diese Wirkung aus ihnen jetzt nicht sein, wenn sie nicht schon vorher war. Denn ich frage: warum jetzt eher als nachher, und du weißt nicht, wo du eine Antwort hernehmen sollst. Ich sage aber in diesem Beweisgang „unmittelbare Prinzipien", denn auch wenn eine natürliche Wirkung neu ist, muß deshalb in ihren mittelbaren und ersten Prinzipien keine Veränderung und Neuheit eingetreten sein. Obwohl nämlich die nächsten Prinzipien der Dinge, die entstehen können, sich ändern und bald sind, bald nicht, sind deren erste Ursachen doch immer.

Daraus erhellt augenscheinlich, daß der Naturphilosoph keine neue Bewegung annehmen kann, wenn dieser nicht irgendeine Bewegung vorausgeht, die ihre Ursache ist. Also folgt, da es notwendig ist, in der Welt irgendeine erste Bewegung anzunehmen – denn man kann nicht ins Unendliche gehen bei Bewegungen, von denen die eine die Ursache der anderen ist –, daß der Naturphilosoph gemäß seiner Wissenschaft und seinen Prinzipien, deren er sich bedient, keine neue erste Bewegung setzen kann.

Wenn daher ARISTOTELES im 8. Buch der *Physik*[41] fragt, ob die Bewegung irgendwann entstanden sei, wenn es sie vorher nicht gab – wobei er sich der eben genannten Prinzipien bedient und als Naturphilosoph spricht –, nimmt er eine erste Bewegung an, die auf beiden Seiten ewig ist. Im selben 8. Buch der *Physik*[42] fragt er auch, warum

---

[41] Aristoteles: Physik, VIII, 1 (250 b 11).
[42] Aristoteles: Physik, VIII, 6 (260 a 11-19); zum folgenden vgl. ebda., 260 a 5-10. Bei Aristoteles erscheint die Hierarchie der Beweger um ein hier übersprungenes Glied (das 3. der folgenden Aufzählung) erweitert: Es gibt 1. den unbewegten Beweger, 2. den immer bewegten Beweger, 3. den

re quaedam quandoque moventur, quandoque quiescunt, respondet quod hoc est, quia moventur a motore semper moto. Quia enim motor, a quo moventur, est motor motus – ideo diversimode se habet – propter hoc facit sua mobilia quandoque moveri et quandoque quiescere. Illa autem quae semper moventur, ut corpora caeli, moventur a motore immobili, semper uno modo se habente in se et ad sua mobilia.

Si ergo naturalis non potest secundum sua principia ponere motum primum novum, ergo nec mobile primum, quia mobile causaliter praecedit motum, cum ipsum sit aliqua causa eius. Ergo nec naturalis potest ponere mundum novum, cum mobile primum non praecessit mundum in duratione.

Ex hoc etiam contingit manifeste, si quis diligenter inspexerit quae iam diximus, quod naturalis creationem considerare non potest. Natura enim omnem suum effectum facit ex subiecto et materia. Factio autem ex subiecto et materia generatio est et non creatio. Ideo naturalis creationem considerare non potest. Quomodo enim naturalis illud considerat ad quod sua principia non se extendunt? Et cum factio mundi sive productio eius in esse non possit esse generatio, ut de se patet, sed est creatio, ex hoc contingit quod in nulla parte scientiae na-

einiges manchmal bewegt wird und manchmal ruht, und antwortet: weil es von einem immer bewegten Beweger bewegt wird. Weil nämlich der Beweger, von dem es bewegt wird, ein bewegter Beweger ist – deshalb verhält er sich auf verschiedene Weise –, deswegen macht er, daß das durch ihn Bewegbare manchmal bewegt wird und manchmal ruht.

Jenes aber, was sich immer bewegt, wie die Himmelskörper, wird von einem unbeweglichen Beweger bewegt, der sich in sich und zu dem durch ihn Bewegbaren immer auf ein und dieselbe Weise verhält.

Wenn also der Naturphilosoph nach seinen Prinzipien keine neue erste Bewegung annehmen kann, dann auch kein erstes Bewegbares, weil das Bewegbare ursächlich der Bewegung vorausgeht, da es selbst eine Ursache für diese ist. Folglich kann der Naturphilosoph auch keine neue Welt annehmen, da das erste Bewegbare der Welt in der Dauer nicht vorausging.[43]

Daraus ergibt sich augenscheinlich auch, wenn man genau erwägt, was wir schon gesagt haben, daß der Naturphilosoph die Schöpfung nicht in Betracht ziehen kann. Denn die Natur bringt alle ihre Wirkungen aus einem Zugrundeliegenden und Materie hervor.[44] Hervorbringen aus einem Zugrundeliegenden und Materie aber ist Entstehung, nicht Schöpfung. Daher kann der Naturphilosoph die Schöpfung nicht in Betracht ziehen. Denn wie betrachtet der Naturphilosoph jenes, worauf sich seine Prinzipien nicht erstrecken? Und da das Hervorbringen der Welt bzw. ihr Ins-Sein-Führen keine Entstehung sein kann, wie unmittelbar einleuchtet[45], sondern Schöpfung ist, ergibt sich hieraus, daß in keinem Teil des natürlichen Wissens[46] das Hervorbringen

---

Beweger, der sich bald so, bald so zu den bewegten Dingen verhält, 4. die bewegten Dinge. Vgl. Aristoteles, Physikvorlesung, übers. von H. Wagner, 4. Aufl. Berlin 1983, S. 687.

[43] D.h., Bewegung, Bewegbares, Welt sind entweder alle miteinander ewig oder alle miteinander „neu".

[44] Vgl. Anm. 8 und 24.

[45] Es fehlt nämlich am zugrundeliegenden Woraus der Entstehung (im Gegensatz zur Schöpfung aus nichts).

[46] Lat. „scientia naturalis". Trotz der terminologischen Nähe denkt man besser nicht an die – dem 13. Jahrhundert unbekannte – Naturwissenschaft im heutigen Sinn, sondern eher an das auf natürlichem Wege wißbare Natürliche (Physik), im Gegensatz zu dem auf natürlichem Wege wißbaren

turalis factio mundi sive productio eius in esse docetur, quia ista productio naturalis non est, et ideo ad naturalem non pertinet.

Ex his etiam quae dicta sunt contingit quod naturalis ex sua scientia non potest ponere primum hominem. Et ratio huius est, quia natura de qua intendit naturalis nihil potest facere nisi per generationem, et primus homo non potest esse generatus. Homo enim generat hominem et sol. Modus enim fiendi primi hominis alius est quam per generationem. Nec debet esse mirabile alicui quod naturalis non potest illa considerare ad quae principia suae scientiae se non extendunt. Qui enim diligenter considerabit, quae per se potest naturalis considerare, illi apparebit rationabile esse quod dictum est. Non enim quilibet artifex considerare potest quamlibet veritatem.

Si autem opponas, cum haec sit veritas christianae fidei et etiam veritas simpliciter – quod mundus sit novus et non aeternus, et quod creatio sit possibilis, et quod primus homo erat, et quod homo mortuus redibit vivus sine generatione et idem numero, et quod ille idem homo in numero, qui ante erat corruptibilis, erit incorruptibilis, et sic in una specie atoma erunt istae duae differentiae corruptibile et incor-

der Welt bzw. ihr Ins-Sein-Führen gelehrt wird, weil dieses Hervorbringen nicht natürlich und daher nicht Sache des Naturphilosophen ist.

Aus dem Gesagten ergibt sich auch, daß der Naturphilosoph seiner Wissenschaft zufolge keinen ersten Menschen annehmen kann. Und der Grund dafür ist, daß die Natur, um die es dem Naturphilosophen geht, alles nur durch Zeugung bzw. Entstehung machen kann, der erste Mensch aber nicht gezeugt bzw. [auf natürlichem Wege] entstanden sein kann. Denn ein Mensch zeugt einen Menschen, und die Sonne.[47] Die Entstehungsweise des ersten Menschen allerdings ist eine andere als durch Zeugung. Und es braucht niemanden zu verwundern, daß der Naturphilosoph jenes nicht in Betracht ziehen kann, worauf die Prinzipien seiner Wissenschaft sich nicht erstrecken. Wer nämlich genau erwägt, was der Naturphilosoph als solcher betrachten kann, dem wird das Gesagte vernünftig erscheinen. Denn nicht jeder, der Meister in einer Kunst[48] ist, kann Betrachtungen über jede beliebige Wahrheit anstellen.

Wendest du aber ein, da das die Wahrheit des christlichen Glaubens und auch die Wahrheit schlechthin ist – daß die Welt neu und nicht ewig ist, daß Schöpfung möglich ist, daß es einen ersten Menschen gab, daß ein Mensch, der gestorben ist, ohne Zeugung und numerisch identisch[49] wieder lebendig werden wird, und daß jener numerisch identische Mensch, der vorher vergänglich war, unvergänglich sein wird, und es so in einer unteilbaren Spezies diese beiden Unterschiede, vergänglich und unvergänglich, geben wird[50] –, so braucht

---

Übernatürlichen (Metaphysik, natürliche Theologie) bzw. dem auf übernatürlichem Wege (durch Offenbarung) wißbaren Übernatürlichen (Theologie im engeren Sinn). Vgl. F. Van Steenberghen, Die Philosophie im 13. Jahrhundert, München, Paderborn, Wien 1977, S. 383f.

[47] Aristoteles: Physik, II, 2 (194 b 13).
[48] Vgl. Anm. 38.
[49] Nach der aristotelischen Bestimmung „vivere viventibus est esse" (De anima, II, 4. 415 b 13, d.h., für das Lebendige ist das Leben das Sein) ist die Identität etwa des verstorbenen Lazarus mit dem wiederauferweckten problematisch. Vgl. Thesen 17 und 18 der 219 Thesen von 1277 (Flasch, a.a.O. – s. Anm. 35 –, S. 113f.; Hissette, S. 308f.).
[50] Einer der von Bischof Tempier am 10. Dezember 1270 verurteilten Sätze leugnete, daß Gott ein vergängliches Ding mit der Gabe der Unvergänglichkeit ausstatten könne. Vgl. Wippel, a.a.O. (s. Anm. 3), S. 51, Anm. 27

ruptibile – quamvis naturalis istas veritates causare non possit nec scire, eo quod principia suae scientiae ad tam ardua et tam occulta opera sapientiae divinae se non extendunt, tamen istas veritates negare non debet. Licet enim unus artifex non possit causare vel scire ex suis principiis veritates scientiarum aliorum artificum, non tamen eas negare debet. Ergo licet naturalis haec quae praedicta sunt ex suis principiis scire non possit nec asserere, eo quod principia suae scientiae ad talia se non extendunt, non tamen debet ea negare, si alius ea ponat, non tamen tamquam vera per rationes, sed per revelationem factam ab aliqua causa superiori.

Dicendum est ad hoc quod veritates, quas naturalis non potest causare ex suis principiis nec scire, quae tamen non contrariantur suis principiis nec destruunt suam scientiam, negare non debet. Ut quod ‚circa quemlibet punctum signatum in superficie sunt quattuor recti anguli possibiles' habet veritatem, naturalis ex suis principiis causare non potest, nec tamen debet eam negare, quia non contrariatur suis principiis nec destruit suam scientiam.

Veritatem tamen illam, quam ex suis principiis causare non potest nec scire, quae tamen contrariatur suis principiis et destruit suam scientiam, negare debet, quia sicut consequens ex principiis est concedendum, sic repugnans est negandum. Ut hominem mortuum immediate redire vivum et rem generabilem fieri sine generatione – ut ponit christianus, qui ponit resurrectionem mortuorum, ut debet, et corruptum redire idem numero – ista debet negare naturalis, quia naturalis nihil concedit, nisi quod videt esse possibile per causas naturales. Christianus autem concedit haec esse possibilia per causam superiorem quae est causa totius naturae. Ideo sibi non contradicunt in his, sicut nec in aliis.

der Naturphilosoph diese Wahrheiten dennoch nicht zu leugnen; obwohl er sie weder begründen noch wissen kann, weil die Prinzipien seiner Wissenschaft sich nicht auf so hohe und so verborgene Werke der göttlichen Weisheit erstrecken. Wenngleich nämlich einer, der Meister in einer Kunst ist, aus seinen Prinzipien die Wahrheiten der Wissenschaften von anderen Meistern weder begründen noch wissen kann, braucht er sie doch nicht zu leugnen. Also braucht der Naturphilosoph, mag er auch das oben Gesagte aus seinen Prinzipien weder wissen noch behaupten können, weil die Prinzipien seiner Wissenschaft sich nicht auf dergleichen erstrecken, es dennoch nicht zu leugnen, wenn ein anderer es behauptet, freilich nicht als wahr durch Argumente, sondern durch eine von einer höheren Ursache bewirkte Offenbarung.

Dazu ist zu sagen, daß der Naturphilosoph die Wahrheiten, die er aus seinen Prinzipien weder begründen noch wissen kann, die jedoch seinen Prinzipien weder zuwiderlaufen noch seiner Wissenschaft Abbruch tun, nicht zu leugnen braucht. Z.B. kann der Naturphilosoph aus seinen Prinzipien nicht begründen, daß der Satz „Um jeden beliebigen auf einer Ebene bezeichneten Punkt sind vier rechte Winkel möglich" seine Wahrheit hat; und doch darf er sie nicht leugnen, weil sie seinen Prinzipien nicht zuwiderläuft und seiner Wissenschaft keinen Abbruch tut.

Doch jene Wahrheit, die er aus seinen Prinzipien weder begründen noch wissen kann, die jedoch seinen Prinzipien widerspricht und seine Wissenschaft untergräbt, muß er leugnen. Denn wie eine Folgerung aus Prinzipien zuzugestehen ist, so ist etwas [ihnen] Widersprechendes zu leugnen. Daß z.B. ein Toter unmittelbar wieder lebendig wird und ein durch Zeugung entstehendes Ding ohne Zeugung entsteht – wie der Christ behauptet, der, wie er soll, die Auferstehung der Toten annimmt und daß der Verblichene als der Zahl nach derselbe ins Leben zurückkehrt –, das muß der Naturphilosoph leugnen, weil er nichts zugibt, wenn er nicht sieht, daß es durch natürliche Ursachen möglich ist. Der Christ aber räumt ein, daß dies durch eine höhere Ursache möglich ist, die die Ursache der ganzen Natur ist. Daher widersprechen sie einander hierin, wie auch in anderer Beziehung, nicht.

---

sowie These 25 der 219 Thesen von 1277 (Flasch, a.a.O., S. 122; Hissette, S. 307).

Si autem ulterius opponas, cum haec sit veritas quod ‚homo mortuus immediate redit vivus et idem numero', sicut ponit fides christiana quae in suis articulis verissima est, nonne naturalis negans hoc dicit falsum?

Dicendum ad hoc quod sicut simul stant motum primum et mundum esse novum et tamen non esse novum per causas naturales et principia naturalia, sic simul stant, si quis diligenter inspiciat, mundum et motum primum esse novum et naturalem negantem mundum et motum primum esse novum dicere verum, quia naturalis negat mundum et motum primum esse novum sicut naturalis, et hoc est ipsum negare ex principiis naturalibus esse novum. Quicquid enim naturalis secundum quod naturalis negat vel concedit, ex causis et principiis naturalibus hoc negat vel concedit. Unde conclusio in qua naturalis dicit mundum et primum motum <non> esse novum accepta absolute falsa est, sed si referatur in rationes et principia ex quibus ipse eam concludit, ex illis sequitur. Scimus enim quod qui dicit Socratem

Wendest du aber darüber hinaus ein – da es die Wahrheit ist, daß „der Tote unmittelbar und als der Zahl nach derselbe ins Leben zurückkehrt", wie der christliche Glaube annimmt, der in seinen Artikeln vollkommen wahr ist –, ob der Naturphilosoph, der das leugnet, etwas Falsches sagt?, so ist darauf zu erwidern:

So, wie die Aussagen „die erste Bewegung und die Welt sind neu" und „sie sind jedoch nicht durch natürliche Ursachen und natürliche Prinzipien neu", zugleich bestehen können, so können [auch], wenn man es sorgfältig erwägt, die Aussagen „die Welt und die erste Bewegung sind neu", und „der Naturphilosoph, der leugnet, daß die Welt und die erste Bewegung neu sind, sagt die Wahrheit", zugleich bestehen.[51] Denn der Naturphilosoph leugnet, daß die Welt und die erste Bewegung neu sind, als Naturphilosoph, und das heißt: Er leugnet, daß sie auf Grund natürlicher Prinzipien neu sind. Was auch immer nämlich der Naturphilosoph in seiner Eigenschaft als solcher leugnet oder zugibt, das leugnet er bzw. gibt er zu auf Grund natürlicher Prinzipien. Daher ist die Schlußfolgerung, in der der Naturphilosoph sagt, die Welt und die erste Bewegung seien <nicht> neu, absolut genommen falsch. Wenn sie aber auf die Argumente und Prinzipien bezogen wird, aus denen er sie schließt, so folgt sie daraus. Wissen wir doch,

---

[51] Wie der Fortgang des Texts verdeutlicht, geht es hier nicht um die berüchtigte „Lehre von der doppelten Wahrheit", die der Bischof von Paris im Prolog seiner Verurteilungsschrift von 1277 gegeißelt hatte: „Sie sagen nämlich, diese Irrlehren seien wahr im Sinne der Philosophie, aber nicht im Sinne des christlichen Glaubens, als gebe es zwei gegensätzliche Wahrheiten ..." (Vgl. Flasch, a.a.O. – s. Anm. 35 –, S. 93). Eine oberflächliche Lektüre konnte aber diesen Eindruck provozieren: Vgl. These 90 (bei Flasch, a.a.O., S. 175; Hissette, S. 284f.), die ebenfalls auf Boethius von Dacien gemünzt scheint: „Der Naturphilosoph muß schlechthin das Neuwerden der Welt bestreiten, weil er sich auf Naturursachen und natürliche Beweisgründe stützt. Der Gläubige kann dagegen die Ewigkeit der Welt verneinen, weil er sich auf übernatürliche Ursachen stützt." Der kleine, aber wichtige Unterschied zwischen Boethius' und der verurteilten Position liegt im Ausdruck „simpliciter" (schlechthin) in These 90 gegenüber dem „secundum quod" (der Naturphilosoph *als* Naturphilosoph) in den nächsten Zeilen unseres Textes. D.h., *in seiner Eigenschaft als solcher* darf und muß der Naturphilosoph leugnen, daß die geoffenbarte Wahrheit vom zeitlichen Anfang der Welt rational rekonstruierbar sei – diese Wahrheit, zu der er gleichwohl als der ganze Mensch, der er ist, sich ins Verhältnis setzen muß, *schlechthin* leugnen darf er nicht.

esse album, et qui negat Socratem esse album secundum quaedam, uterque dicit verum.

Sic verum dicit christianus, dicens mundum et motum primum esse novum, et primum hominem fuisse, et hominem redire vivum et eundem numero, et rem generabilem fieri sine generatione, cum tamen hoc concedatur possibile esse per causam cuius virtus est maior, quam sit virtus causae naturalis.

Verum etiam dicit naturalis qui dicit hoc non esse possibile ex causis et principiis naturalibus, nam naturalis nihil concedit vel negat nisi ex principiis et causis naturalibus, sicut etiam nihil negat vel concedit grammaticus secundum quod huiusmodi nisi ex principiis et causis grammaticalibus.

Et quia naturalis solum considerans virtutes causarum naturalium dicit mundum et motum primum non <G[odefridus] add.: *posse*> esse novum ex eis, fides autem christiana considerans causam superiorem quam sit natura dicit mundum posse esse novum ex illa, ideo non contradicunt in aliquo.

Sic ergo patent duo: unum est quod naturalis non contradicit christianae fidei de aeternitate mundi, et aliud est quod per rationes naturales non potest ostendi mundum et motum primum esse novum.

(b)

Quod autem mathematicus hoc non possit ostendere, sic declaratur manifeste: quia mathematicarum una pars est astrologia, et ipsa habet duas partes – unam scilicet quae docet diversos motus stellarum et velocitates earum, quae scilicet velocius et tardius complent cursum suum, et distantias et coniunctiones et aspectus earum et cetera talia;

daß, wenn einer sagt, Sokrates sei weiß, und wenn ein anderer leugnet, Sokrates sei in gewisser Hinsicht weiß, beide die Wahrheit sprechen.[52]

So sagt der Christ die Wahrheit, wenn er sagt, die Welt und die erste Bewegung seien neu, es habe einen ersten Menschen gegeben, der Mensch kehre [nach dem Tod] als der Zahl nach derselbe ins Leben zurück, und ein zeugbares Ding könne ohne Zeugung entstehen, da doch eingeräumt wird, das sei möglich durch eine Ursache, deren Kraft größer ist als die Kraft einer natürlichen Ursache.

Die Wahrheit sagt aber auch der Naturphilosoph, der sagt, das sei auf Grund natürlicher Ursachen und Prinzipien nicht möglich, denn der Naturphilosoph gibt nichts zu noch leugnet er etwas, es sei denn auf Grund natürlicher Prinzipien und Ursachen, wie auch der Grammatiker in seiner Eigenschaft als solcher nichts leugnet oder zugibt, es sei denn aus grammatikalischen Prinzipien und Gründen.

Und weil der Naturphilosoph nur in Anbetracht der Kräfte der natürlichen Ursachen sagt, die Welt und die erste Bewegung seien auf Grund dieser nicht neu[53], der christliche Glaube aber in Anbetracht einer höheren Ursache als die Natur sagt, die Welt könne auf Grund jener [Ursache] neu sein, so widersprechen sie sich in nichts.

Also ist zweierlei klar: zum einen, daß der Naturphilosoph dem christlichen Glauben betreffs der Ewigkeit der Welt nicht widerspricht, und zum anderen, daß durch natürliche Beweisgründe nicht gezeigt werden kann, daß die Welt und die erste Bewegung neu sind.

(b)

Daß aber der Mathematiker das nicht zeigen kann, läßt sich so ganz deutlich machen: Der eine Teil der Mathematik ist ja die Astrologie, die ihrerseits zwei Teile hat – nämlich einen, der die verschiedenen Bewegungen der Sterne und ihre Geschwindigkeiten (d.h., welche ihren Lauf schneller und langsamer vollbringen) lehrt, ihre Entfernungen, Konjunktionen, Phasen und übriges dieser Art; der andere

---

[52] Beispiel: Sokrates ist weiß (Hautfarbe), und Sokrates ist nicht weiß (Haarfarbe).

[53] In der von Gottfried von Fontaines gekürzten Fassung des Textes heißt es, wohl richtiger (vgl. Wippel, a.a.O. – s. Anm. 3 – S. 53, Anm. 29): „... die erste Bewegung und die Welt *könnten* auf Grund dieser [= der Kräfte der natürlichen Ursachen] nicht neu sein".

alia pars scientiae astrorum est quae docet effectus quos agunt stellae in toto corpore quod sub orbe est – quia nec illa quae docet pars prima nec quae docet pars secunda ostendunt mundum et motum primum esse novum, quia tales possunt esse tarditates et velocitates quarundam stellarum in suis sphaeris respectu aliarum et etiam tales coniunctiones earum ad invicem, etiam si mundus et motus primus esset aeternus. Et propter hoc idem quod modo dictum est nec secunda pars scientiae astrorum ostendere potest mundum et motum primum esse novum, quia ex quo eosdem quos modo habent possent habere motus stellae et coniunctiones et virtutes, etiam si mundus et motus primus esset aeternus, tunc etiam consimiles effectus facere possent in mundo inferiori eis quos modo faciunt, etiam si mundus et motus primus esset aeternus. Ergo nec secunda pars scientiae astrorum potest ostendere motum primum et mundum esse novum.

Sicut nec pars prima, nec etiam pars mathematicarum scientiarum quae geometria est potest hoc ostendere. Hoc enim non sequitur ex principiis geometriae, quia oppositum consequentis potest stare cum antecedente, scilicet ‚primum motum et mundum esse aeternum' potest stare cum principiis geometriae et omnibus suis conclusionibus. Dato enim hoc falso quod motus primus et mundus sit aeternus, numquid propter hoc erunt principia geometriae falsa – ut ‚a puncto ad punctum rectam lineam ducere' vel etiam ‚punctus est, cuius pars non est' et cetera talia – vel etiam suae conclusiones? Constat quod non. Numquid omnes passiones in magnitudine eodem modo essent demonstrabiles de suis subiectis et per easdem causas, etiam si mundus esset aeternus, sicut et si mundus sit novus? Constat quod sic.

Et hoc idem dico de tertia et quarta parte scientiarum mathematicarum quae sunt arithmetica et musica, et per eundem modum ut declaratum est de geometria. Et hoc manifestum est illi qui provectus est in his scientiis et qui scit posse earum.

Teil der Wissenschaft von den Gestirnen lehrt die Wirkungen, die die Sterne auf den ganzen Körper unter dem Himmelsgewölbe ausüben. Nun zeigt weder das, was der erste, noch das, was der zweite Teil lehrt, daß die Welt und die erste Bewegung neu sind. Denn die Langsamkeit und Schnelligkeit gewisser Sterne in ihren Kreisbahnen im Hinblick auf andere, und auch ihre wechselseitigen Konjunktionen können [genau]so beschaffen sein, auch wenn die Welt und die erste Bewegung ewig wären. Und wegen des eben Gesagten kann auch der zweite Teil der Wissenschaft von den Gestirnen nicht zeigen, daß die Welt und die erste Bewegung neu sind. Denn weil die Sterne dieselben Bewegungen, Konjunktionen und Kräfte haben könnten, die sie jetzt haben, auch wenn die Welt und die erste Bewegung ewig wären, könnten sie dann auch in der Welt unter ihnen ganz die gleichen Wirkungen tun wie jetzt, auch wenn die Welt und die erste Bewegung ewig wären. Also kann auch der zweite Teil der Wissenschaft von den Gestirnen nicht zeigen, daß die erste Bewegung und die Welt ewig sind.

Genausowenig wie der erste Teil kann auch der Teil der mathematischen Wissenschaften, den die Geometrie darstellt, das zeigen. Es folgt nämlich nicht aus den Prinzipien der Geometrie, da das Gegenteil des Folgesatzes mit dem Vordersatz zusammenbestehen kann, d.h.: Der Satz „die erste Bewegung und die Welt sind ewig" kann mit den Prinzipien der Geometrie und all ihren Schlußfolgerungen zusammenbestehen. Denn angenommen – was falsch ist –, die erste Bewegung und die Welt wären ewig: Wären wohl deswegen die Prinzipien der Geometrie – wie „eine gerade Linie verbindet zwei Punkte", oder auch „ein Punkt ist, was keine Teile hat" und übriges dieser Art – oder auch ihre Schlußfolgerungen falsch? Offenbar nicht. Wären nicht, auch wenn die Welt ewig wäre, alle Eigenschaften im Bereich der Größe in derselben Weise und durch dieselben Gründe von ihren Trägern beweisbar, wie wenn die Welt neu ist? Offenbar schon.

Und genau dasselbe sage ich auch vom dritten und vierten Teil der mathematischen Wissenschaften – Arithmetik und Musik –, und auf dieselbe Art, wie es bei der Geometrie dargelegt wurde. Und das ist für den, der in diesen Wissenschaften bewandert ist und ihre Möglichkeiten kennt, offensichtlich.

(c)

Quod autem nec metaphysicus possit ostendere mundum esse novum, patet sic: mundus dependet ex voluntate divina, sicut ex sua causa sufficiente. Sed metaphysicus non potest demonstrare aliquem effectum in duratione posse sequi suam causam sufficientem, sive posse postponi suae causae sufficienti. Ergo metaphysicus non potest demonstrare quod mundus <non> sit coaeternus voluntati divinae.

Item, qui non potest demonstrare hanc fuisse formam voluntatis divinae, ut ab aeterno voluit mundum producere in hora in qua factus est, ille non potest demonstrare mundum esse novum nec coaeternum voluntati divinae, quia volitum est a volente secundum formam voluntatis. Sed metaphysicus non potest demonstrare talem fuisse formam voluntatis divinae ab aeterno; dicere enim quod metaphysicus possit hoc demonstrare, non solum figmento, sed etiam, credo, dementiae simile est; unde enim homini ratio, per quam voluntatem divinam perfecte investiget?

Et ex his quae dicta sunt componitur syllogismus: Nulla est quaestio cuius conclusio potest ostendi per rationem, quam philosophus non debet disputare et determinare, quantum per rationem est possibile, ut declaratum est. Nullus autem philosophus per rationem potest ostendere motum primum et mundum esse novum, quia nec naturalis nec mathematicus nec divinus, ut patet ex praedictis. Ergo per nullam rationem humanam potest ostendi motus primus et mundus esse novus; nec etiam potest ostendi quod sit aeternus, quia qui hoc demonstraret, deberet demonstrare formam voluntatis divinae, et quis eam investigabit?

(c)
Daß aber auch der Metaphysiker nicht zeigen kann, daß die Welt neu ist, erhellt auf folgende Weise: Die Welt hängt vom göttlichen Willen als von ihrer zureichenden Ursache ab. Doch der Metaphysiker kann nicht beweisen, daß eine Wirkung ihrer zureichenden Ursache in der Dauer folgen bzw. ihrer zureichenden Ursache zeitlich nachgeordnet werden kann.[54] Also kann der Metaphysiker nicht beweisen, daß die Welt dem göttlichen Willen <nicht> gleichewig ist.[55]

Desgleichen: Wer nicht beweisen kann, dies sei die Form des göttlichen Willens gewesen – daß er von Ewigkeit die Welt zu der Zeit hervorbringen wollte, in der sie geschaffen wurde –, der kann [auch] nicht beweisen, die Welt sei neu und nicht dem göttlichen Willen gleichewig. Denn das Gewollte geht vom Wollenden der Form seines Willens gemäß hervor. Doch der Metaphysiker kann nicht beweisen, die Form des göttlichen Willens sei von Ewigkeit so beschaffen gewesen. Hingegen zu sagen, der Metaphysiker könne das beweisen, sieht nicht nur nach einer Fiktion, sondern auch, glaube ich, nach Wahnsinn aus. Denn woher sollte der Mensch einen Begriff haben, um den göttlichen Willen vollkommen zu erforschen?

Und aus dem Gesagten läßt sich ein Syllogismus aufstellen: Es gibt keine Frage, deren schlüssige Beantwortung durch die Vernunft aufgezeigt werden kann, die der Philosoph nicht erörtern und beurteilen dürfte, soweit es durch die Vernunft möglich ist – wie dargelegt. Kein Philosoph aber kann auf dem Wege der Vernunft zeigen, daß die erste Bewegung und die Welt neu sind, weil, wie aus dem zuvor Gesagten erhellt, es weder der Naturphilosoph noch der Mathematiker noch der Theologe[56] kann. Also kann durch keine menschliche Vernunft gezeigt werden, daß die erste Bewegung und die Welt neu sind; und es kann auch nicht gezeigt werden, daß sie ewig sind. Denn wer das bewiese, müßte die Form des göttlichen Willens beweisen – aber wer sollte ihn erforschen?

---

[54] Vgl. Anm. 28.
[55] Wie F. Van Steenberghen zu Recht bemerkt, bestreitet Boethius von Dacien nicht die Beweisbarkeit der Schöpfung – sie fällt in die Kompetenz des Metaphysikers, nicht in die des Naturphilosophen –, sondern die Beweisbarkeit der Schöpfung in der Zeit. Vgl. a.a.O. (s. Anm. 46), S. 383f.
[56] Hier gleichbedeutend mit Metaphysiker, vgl. Anm. 37.

Ideo dicit ARISTOTELES in libro *Topicorum*, quod „aliquid est problema de quo neutro modo opinamur, ut utrum mundus sit aeternus vel non". Sunt enim multa in fide quae per rationem demonstrari non possunt, ut quod mortuum redit vivum idem numero, et quod res generabilis redit sine generatione. Et qui his non credit haereticus est, qui autem ea quaerit scire per rationem fatuus est.

Quia ergo effectus et opera sunt ex virtute et virtus ex substantia, quis audet dicere se perfecte per rationem cognoscore <substantiam divinam et omnem eius virtutem? Ille dicat se perfecte cognoscere> omnes effectus immediatos dei: quomodo ex ipso sunt, utrum de novo vel ab aeterno, et quomodo per ipsum in esse conservantur, et quomodo in ipso sunt. Nam in ipso et ex ipso et per ipsum fiunt omnia vel sunt. Et quis est qui hoc potest sufficienter investigare? Et quia multa sunt de talibus quae fides ponit, quae per rationem humanam investigari non possunt, ideo ubi deficit ratio, ibi suppleat fides, quae confiteri debet potentiam divinam esse super cognitionem humanam. Nec propter hoc decredas articulis fidei, quia demonstrari non possunt aliqui eorum, quia si sic procedas, in nulla lege stabis, eo quod nulla est lex cuius omnes articuli possunt demonstrari.

Sic ergo apparet manifeste quod nulla est contradictio inter fidem christianam et philosophiam de aeternitate mundi, si praedicta diligen-

Daher sagt ARISTOTELES in der *Topik*, daß es „eine Art von Problem gibt, hinsichtlich dessen wir weder dieser noch jener Meinung sind, wie z.B., ob die Welt ewig ist oder nicht"[57]. Denn es gibt vieles im Glauben, was durch die Vernunft nicht bewiesen werden kann, etwa daß ein Toter als der Zahl nach derselbe ins Leben zurückkehrt und daß ein zeugbares Ding ohne Zeugung [ins Leben] zurückkehrt. Und wer daran nicht glaubt, ist ein Häretiker, wer es aber auf dem Wege der Vernunft zu wissen begehrt, ist ein Einfaltspinsel.

Weil nun Wirkungen und Werke von der Kraft ausgehen und die Kraft von der Substanz, wer wagt es da zu sagen, er erkenne durch die Vernunft vollständig <die göttliche Substanz und ihre ganze Kraft? Soll er doch gleich sagen, er kenne vollständig>[58] alle unmittelbaren Wirkungen Gottes: wie sie aus ihm hervorgehen, ob neu oder von Ewigkeit, und wie sie durch ihn im Sein erhalten werden, und wie sie in ihm sind. Denn in ihm und aus ihm und durch ihn ist oder wird alles.[59] Und wen gibt es, der das hinreichend erforschen könnte? Und weil es unter den Dingen, die der Glaube annimmt, viele solche gibt, die durch die menschliche Vernunft nicht erforscht werden können, darum möge da, wo die Vernunft nicht ausreicht, der Glaube [das Fehlende] ergänzen[60], der gestehen muß, daß die göttliche Macht über die menschliche Erkenntnis geht. Falle aber nicht deswegen von den Glaubensartikeln ab, weil einige von ihnen nicht bewiesen werden können. Denn wenn du so vorgehst, wirst du dich keinem Gesetz fügen, weil es ja kein Gesetz gibt, dessen Artikel sämtlich bewiesen werden könnten.[61]

So zeigt sich also klar, daß betreffs der Ewigkeit der Welt zwischen dem christlichen Glauben und der Philosophie keinerlei Widerspruch besteht, wenn man das oben Gesagte sorgfältig erwägt, wie

---

[57] Aristoteles, Topik, I, 11 (104 b 8, 12-16, 30f.). Auch Thomas beruft sich auf diese Stelle: vgl. sum. theol. I, 46, 1; Sent. II d. 1 q. 1 a. 5 (s. den ersten Thomas-Text, Anm. 41).
[58] Der Text in spitzen Klammern ist ergänzt aus der schon erwähnten Abbreviatur des Gottfried von Fontaines.
[59] Vgl. Röm 11, 36.
[60] Die Wendung „ubi deficit ratio, ibi suppleat fides" erinnert an die Verse „praestet fides supplementum/sensuum defectui" in Thomas' „Pange lingua gloriosi".
[61] Vgl. die Einleitung.

ter inspicientur, sicut etiam manifestabimus deo auxiliante in ceteris quaestionibus, in quibus fides christiana et philosophia superficietenus et hominibus minus diligenter considerantibus videbuntur discordare.

Dicimus ergo quod mundus non est aeternus, sed de novo creatus, quamvis hoc per rationes demonstrari non possit, ut superius visum est, sicut quaedam alia etiam quae pertinent ad fidem. Si enim demonstrari possent, non esset fides, sed scientia. Unde pro fide non debet adduci ratio sophistica, sicut per se patet; nec ratio dialectica, quia ipsa non facit firmum habitum, sed solum opinionem, et firmior debet esse fides quam opinio; nec ratio demonstrativa, quia tunc fides non esset nisi de his quae demonstrari possent.

[VI.]

Tunc ad rationes ad utramque partem adductas respondendum est, et primo ad rationes quae nituntur probare contrarium veritati, scilicet mundum esse deo coaeternum.

1. Ad primam. „Omne incorruptibile habet virtutem ut semper existat," si intellegas per hoc nomen incorruptibile id quod cum sit ens non potest deficere neque per corruptionem, de qua loquitur PHILOSOPHUS in fine primi *Physicorum*: „omne quod corrumpitur, abibit in hoc ultimum", id est in materiam, nec etiam per corruptionem largius accipiendo nomen quam accipit ipse PHILOSOPHUS, quae scilicet corruptio cadere potest in omni ente quod habet aliam causam, quantum de se est – nam omnis effectus, quamdiu durat, tamdiu <con>servatur in esse per aliquam suarum causarum, sicut apparet inducenti; quod autem per aliud in esse conservatur, deficere potest quantum de se est – si utroque istorum modorum intellegitur incorruptibile, tunc

wir mit Gottes Hilfe auch in anderen Fragen dartun werden, in denen der christliche Glaube und die Philosophie bei oberflächlicher Betrachtung, zumal für Leute, die weniger sorgfältig überlegen, einander zu widersprechen scheinen.

Wir sagen also: Die Welt ist nicht ewig, sondern neu erschaffen, obwohl das, wie oben gesehen, durch Vernunftgründe nicht bewiesen werden kann, wie auch einiges andere, was zum Glauben gehört. Denn könnte es bewiesen werden, so wäre es nicht Glaube, sondern Wissen. Daher darf für den Glauben kein sophistisches Argument angeführt werden, wie unmittelbar einleuchtet; auch kein dialektisches, weil das keinen festen Habitus erzeugt, sondern nur eine Meinung, und der Glaube muß stärker sein als eine Meinung; auch kein beweisendes, weil dann der Glaube nur auf das ginge, was bewiesen werden könnte.

[VI. Erwiderung auf die Argumente für die Ewigkeit der Welt][62]

Sodann ist auf die für beide Seiten angeführten Argumente zu erwidern; und zwar zuerst auf die Argumente, die versuchen, das Gegenteil der Wahrheit zu beweisen, nämlich daß die Welt mit Gott gleich ewig ist.

1. Zum ersten. „Alles Unvergängliche hat die Kraft, immer zu existieren" – wenn man unter dem Namen „unvergänglich" das versteht, was, einmal seiend, weder auf dem Wege des Vergehens [zu sein] aufhören kann, von dem der PHILOSOPH am Ende des ersten Buchs der *Physik* sagt: „Alles, was vergeht, wird in dieses letzte übergehen"[63], d.h. in die Materie, noch auch auf dem Wege des Vergehens, wobei man diesen Namen weiter faßt, als der PHILOSOPH selbst es tut, nämlich: Vergehen kann, soweit es an ihm liegt, bei jedem Seienden stattfinden, das eine andere Ursache hat (denn jede Wirkung wird, solange sie dauert, durch eine ihrer Ursachen im Sein erhalten, wie sich dem induktiv Schließenden zeigt; was aber durch anderes im Sein erhalten wird, kann, soweit es an ihm liegt, aufhören [zu sein]), wenn man [also] das Unvergängliche in beiden Weisen versteht, dann

---

[62] Boethius von Dacien geht nun auf die in [IV.] angeführten Argumente der Reihe nach ein.
[63] Aristoteles: Physik, I, 9 (192 a 32f.). Die Rede ist von dem Stoff als dem Ersten, was jedem Seienden zugrunde liegt, d.h. der materia prima.

vera est propositio maior quae dicit: omne incorruptibile habet virtutem, ut semper existat; et sic non est mundus incorruptibilis, nec aliquod ens habens aliam causam.

Et tu probas: „quod est ingenitum, est incorruptibile". Verum est corruptione quae opponitur generationi, quia sicut generatio est ex materia, sic corruptio sibi opposita est in materia<m>, scilicet in contrarium et non in puram negationem. Si tamen aliquid sit ingenitum, non oportet quod propter hoc ipsum sit incorruptibile corruptione largius sumpta, quae scilicet est non in contrarium, sed in puram negationem, sicut potest corrumpi omne ens causatum circumscripta virtute conservantis. Et hanc conservationem vocabant antiqui philosophi auream catenam, qua omne ens in suo ordine a primo ente conservatur, ipsum autem primum ens, sicut ante se non habet causam, sic ante se non habet conservans.

Et quia iam tactum est quod omne ens citra primum conservatur in esse virtute primi principii, ideo magis hoc declaretur.

Et primo per dicta auctorum: In libro *De causis* scribitur sic: „Omnis intellegentiae fixio et essentia est per bonitatem puram quae est

ist der Obersatz wahr, der sagt: Alles Unvergängliche hat die Kraft, immer zu existieren; und so ist die Welt nicht unvergänglich, noch sonst irgendein Seiendes, das eine andere Ursache hat.

Und du beweist: „Was ungeworden ist, ist unvergänglich."[64] Das trifft zu auf das Vergehen, das dem Entstehen entgegengesetzt wird, denn wie das Entstehen aus Materie erfolgt, so das ihr entgegengesetzte Vergehen in die Materie, d.h. ins Entgegengesetzte und nicht in die reine Negation.[65] Doch wenn es etwas Ungewordenes gibt, so muß es deswegen nicht unvergänglich im weiter gefaßten Sinn von „Vergehen" (das ja nicht Vergehen ins Gegenteil, sondern in die reine Negation ist) sein, wie denn jedes verursachte Seiende vergehen kann, sobald die Kraft, die es erhält, beschränkt wird. Und dieses Erhalten nannten die alten Philosophen die „goldene Kette", durch die jedes Seiende in seiner Ordnung vom ersten Seienden erhalten wird, welches aber seinerseits, so wie es keine Ursache vor sich hat, auch nichts [es] Erhaltendes vor sich hat.

Und weil schon erwähnt wurde, daß jedes Seiende diesseits des ersten im Sein erhalten wird kraft des ersten Prinzips, soll das näher erläutert werden.

Zuerst durch die Worte der Autoritäten[66]:

Im *Liber de causis*[67] steht folgendes: „Die Befestigung und das Wesen einer jeden Intelligenz[68] sind durch die reine Güte, die die erste

---

64 Vgl. Aristoteles, Physik, I, 9 (192 a 28f.); De caelo, I, 3, 11, 12. „Ungeworden" – d.h. unentstanden, ungezeugt, nicht aus „generatio" (vgl. Anm. 7) hervorgegangen.
65 Vergehen heißt für Aristoteles: Verlust der Form, nicht des Seins überhaupt. Das erste kann als privativer Gegensatz, das zweite als Negation aufgefaßt werden. Vgl. den ersten Thomas-Text, Anm. 2 und 48.
66 „Auctores", d.h. „Autoren von besonderem Ansehen und Beweiskraft" (Lexikon des Mittelalters, Bd. 1, München/Zürich 1980, Sp. 1189f.). Vgl. R. Schönberger, Was ist Scholastik?, Hildesheim 1991, S. 103ff.
67 Im 9. Jahrhundert entstanden, im 12. Jahrhundert von Gerhard von Cremona aus dem Arabischen ins Lateinische übersetzt: Liber de causis, ed. Pattin, prop. 8 (9), § 79. (Vgl. Lexikon des Mittelalters, Bd. 5, München/Zürich 1991, Sp. 1940f., sowie Cristina D'Ancona Costa, Recherches sur le liber de causis, Paris 1995.)
68 Zur Erläuterung vgl. Thomas von Aquin, sum. theol. I, 79, 10: „Dieser Name ‚intelligentia' bezeichnet eigentlich den Akt des Intellekts, der das Verstehen ist, selbst. Doch in einigen Büchern, die aus dem Arabischen

prima causa". Per eius essentiam intellegit eius productionem in esse, et per eius fixionem intellegit eius durationem. Et si intellegentia durat per virtutem primi principii, tunc multo magis omnia entia alia. Et huic concordat illud quod scribitur in lege: „ex ipso et per ipsum sunt omnia".

Item, PLATO dicit loquens in persona primi principii ipsis intellegentiis haec verba: „Plus valet ad aeternitatis vestrae custodiam mea voluntas quam vestra natura".

Et idem ostenditur ratione: Ens causatum non habet de se naturam ut existat, quia si de se naturam haberet ut existeret, alterius causatum non esset. Sed quod durat et in esse conservatur virtute propria et non ex alia virtute superiori, hoc de se habet naturam ut existat. Ergo nullum ens causatum in esse conservatur per se. Et ideo sicut omnia entia quae sunt citra primum principium sunt ex ipso, sic et per ipsum in esse conservantur, et si primum principium virtutem suam entibus auferret, entia penitus non essent. Et hoc est quod scribitur in libro *De causis*: „Omnes virtutes dependentes sunt ex una prima virtute quae est virtus virtutum". Et AVERROES super II. *Metaphysicae* loquens de hoc primo principio dicit: „quod illa causa magis est digna et in esse et in veritate quam omnia entia; omnia enim entia non acquirunt esse et veritatem nisi ab ista causa; est igitur ipsum ens per se et verum per se, et omnia entia alia sunt entia et vera per esse et per veritatem eius".

Item, virtus quae facit durationem aeternam est virtus infinita, quia si esset finita, tunc posset accipi virtus maior. Ergo, cum non possit esse duratio maior quam sit duratio aeterna, sequeretur quod

Ursache ist." Unter ihrem Wesen versteht es ihr Ins-Sein-Treten-Lassen, und unter ihrer Befestigung versteht es ihre Dauer. Und wenn eine Intelligenz kraft des ersten Prinzips dauert, dann um so mehr alle anderen Seienden. Und damit stimmt überein, was im Gesetz geschrieben steht: „Aus ihm und durch ihn ist alles."[69]

Ebenso: PLATON sagt, wenn er in der Person des ersten Prinzips zu den Intelligenzen spricht, folgende Worte: „Zur Bewahrung eurer Ewigkeit trägt mehr mein Wille bei als eure Natur."[70]

Und dasselbe wird durch die Vernunft gezeigt: Es liegt nicht in der Natur eines verursachten Seienden, zu existieren, denn läge es in seiner Natur, zu existieren, so wäre es nicht von einem anderen verursacht. Was aber dauert und im Sein erhalten wird aus eigener Kraft und nicht durch eine andere, höhere Kraft, in dessen Natur liegt es, zu existieren. Also wird kein verursachtes Seiendes durch sich selbst im Sein erhalten. Und daher werden alle Seienden diesseits des ersten Prinzips, wie sie aus ihm sind, so auch durch es im Sein erhalten, und wenn das erste Prinzip den Seienden seine Kraft entzöge, wären die Seienden überhaupt nicht. Und daher heißt es im *Liber de causis*: „Alle abhängigen Kräfte sind aus einer ersten Kraft, die die Kraft der Kräfte ist."[71] Und AVERROES sagt, wenn er über das zweite Buch der *Metaphysik* spricht, über dieses erste Prinzip, „daß jene Ursache in Sein und Wahrheit würdiger ist als alle anderen Seienden; denn alle Seienden erwerben Sein und Wahrheit nur von dieser Ursache; also ist sie das durch sich Seiende und durch sich Wahre selbst, und alle anderen Seienden sind seiend und wahr durch dessen Sein und Wahrheit."[72]

Desgleichen: Eine Kraft, die eine ewige Dauer bewirkt, ist eine unendliche Kraft, denn wenn sie endlich wäre, dann könnte man sich eine größere Kraft denken. Es würde also, da es keine größere Dauer als die ewige Dauer geben kann, folgen, daß eine größere Kraft keine

---

    übersetzt sind, werden die [von der Materie] getrennten Substanzen, die wir Engel nennen, Intelligenzen genannt."

[69] Röm 11, 36.
[70] Timaios, 41 b.
[71] Liber de causis, ed. Pattin, prop. 15 (16), § 129.
[72] Averroes: Aristotelis opera cum Averrois commentariis, Metaphysicorum libri XIIII, II, c. 1 (Venedig 1562-1574, unv. Nachdruck Frankfurt a.M. 1962, Bd. 8, f. 30ra).

virtus maior non faceret maiorem durationem quam virtus minor, quod est impossibile. Sed in nullo ente causato est virtus infinita, quia omne causatum est pertransitum sive perfecte acceptum, et hoc repugnat virtuti infinitae.

Hoc idem etiam probatur ex alio: Quia virtus primi motoris maior est quam virtus alicuius motoris posterioris, et infinito non potest aliquid esse maius, ergo in nullo ente causato est virtus infinita nec duratio aeterna per se, sed per virtutem primi principii cuius virtus per se est aeterna et infinita. Et declaratur ratio: Sicut duratione quae semper est non potest accipi maior duratio, sic oportet quod virtus quae facit durationem, quae semper est sive aeterna, sit talis quod ea non possit accipi virtus maior, et talis solum est virtus infinita.

2. Ad secundam rationem. Cum dicis: „illud est aeternum quod non habet ante se aliquam durationem", dico quod falsum est. Licet enim tempus non sit ante mundum, aeternitas tamen est ante mundum; ipsa enim semper est. Tu dicis: „illud numquam est quod habet ante se durationem aeternam". Dico quod non oportet. Illud enim novum quod hodie factum est, habet ante se durationem aeternam, quia ipsam aeternitatem quae semper est, et tamen non est dicere quod ipsum numquam est.

größere Dauer bewirkte als eine kleinere Kraft, was unmöglich ist. Nun gibt es aber in keinem verursachten Seienden eine unendliche Kraft, denn alles Verursachte denkt man sich als ganz durchschritten bzw. vollendet[73], und das steht [dem Begriff] einer unendlichen Kraft entgegen.

Dasselbe wird auch aus einem anderen Grund bewiesen: Weil die Kraft des ersten Bewegers größer ist als die Kraft irgendeines anderen späteren Bewegers und es nichts Größeres als das Unendliche geben kann: so gibt es also in keinem verursachten Seienden unendliche Kraft noch ewige Dauer vermöge seines eigenen Wesens, sondern [nur] kraft des ersten Prinzips, dessen Kraft vermöge seines eigenen Wesens ewig und unendlich ist.

Erklärung des Arguments: So wie man sich keine größere Dauer denken kann als eine Dauer, die immer ist, so muß auch die Kraft, die eine Dauer bewirkt, die immer bzw. ewig ist, so beschaffen sein, daß man sich keine größere Kraft als diese denken kann; und solcherart ist nur eine unendliche Kraft.

2. Zum zweiten Argument. Wenn du sagst „Ewig ist jenes, dem keinerlei Dauer vorausgeht", so sage ich, daß das falsch ist. Denn mag es auch vor der Welt keine Zeit geben, so ist doch die Ewigkeit vor der Welt, denn die [die Ewigkeit] ist immer. Du sagst „nie ist jenes, dem eine ewige Dauer vorausgeht". Ich sage, das muß nicht [so] sein. Denn dem Neuen, das heute gemacht wurde, geht eine ewige Dauer voraus: nämlich die Ewigkeit selbst, die immer ist; und doch kann man nicht sagen, es sei nie.

---

[73] Die Stelle ist etwas unklar. Zu denken wäre etwa an das aristotelische Diktum „Es ist unmöglich, Unendliches ganz zu durchschreiten" (vgl. oben, 10. Argument in [II.], sowie den Bonaventura-Text, Anm. 18). Im Verhältnis Ursache-Verursachtes muß letzteres als endlich, als abgeschlossen gedacht werden – hingegen würde die Ursache, die ein in irgendeiner Hinsicht Unendliches zu verursachen hätte, nie fertig. – In diese Richtung weist auch der Satz „alles Existierende ist durchgängig bestimmt" (vgl. Kant, Kritik der reinen Vernunft, B 601), der, recht verstanden, nur auf Endliches, nicht auf Gott zutrifft. Gottes Sein ist vielmehr „omnibus modis indeterminatum" (sum. theol. I, 11, 4), d.h. in jeder Weise unbestimmt, unbegrenzt bzw., nach der vorliegenden Terminologie, un-durchschritten und un-vollendet.

3. Ad tertiam rationem dicendum quod, licet ens, cuius productio est ex subiecto et materia sive per generationem, dependet ex duplici potentia, scilicet ex potentia activa sui agentis et ex potentia suae materiae – nihil enim fit ex materia, nisi illud ad quod ipsa habuit potentiam passivam – tamen illa, quorum factio non est generatio nec ex materia, illa solum dependent ex sola potentia agentis principii, non materiae. Quomodo enim potes dicere quod illud dependet ex potentia materiae cuius prodoctio non est ex materia, sicut est mundus? Apparet enim cuilibet quod factio mundi non potuit esse generatio. Unde si non esset alius modus fiendi nisi generatio, nihil universaliter esset factum. Dico igitur quod mundus factus est et de novo factus est, quia non est coaeternus deo. Et cum dicis: ergo potuit fieri, dico quod verum est: potuit fieri sola potentia agentis, non subiecti et materiae. Et quia iam in solutione tactum est quod aliquis effectus sufficienter dependet ex sola potentia agentis, de quo aliquis dubitaret, ideo hoc declaratur:

Omne illud cuius factio dependet ex materia, si materia non sit, ipsum impossibile est. Totum ens quod est citra primum principium factum est, quia causam habet, et illud voco ens factum quod habet causam aliam suae productionis. Si ergo omnis factio dependet a materia et nulla ex sola potentia agentis principii, et praeter totum ens quod est citra primum principium non erat materia aliqua, sequitur quod totum ens quod est citra primum principium esset impossibile. Factum est ergo aliquid quod est impossibile fieri.

4. Ad quartam rationem dicendum. Cum dicis: „omne novum factum est per transmutationem", verum est solum de entibus quorum

3. Zum dritten Argument ist zu sagen, daß, obwohl ein Seiendes, dessen Produktion aus einem Träger und Materie bzw. durch Zeugung/Entstehung[74] erfolgt, von einem zweifachen Vermögen abhängt, nämlich vom aktiven Vermögen seiner Wirkursache und vom Vermögen seiner Materie – es wird ja aus der Materie nur das, wozu sie das passive Vermögen hatte –, dennoch jene Dinge, deren Erschaffung nicht Zeugung/Entstehung noch aus Materie ist, einzig und allein vom Vermögen des wirkursächlichen Prinzips und nicht von dem der Materie abhängen. Denn wie kannst du sagen, daß das vom Vermögen der Materie abhängt, dessen Hervorbringung nicht aus Materie erfolgt, wie z.B. die Welt[75]? Es leuchtet ja jedermann ein, daß die Erschaffung der Welt keine Zeugung/Entstehung sein konnte. Wenn es daher keine andere Weise des Werdens gäbe als Zeugung/Entstehung, so wäre überhaupt nichts geworden. Ich sage also, die Welt ist geschaffen und neu geschaffen, weil sie Gott nicht gleichewig ist. Und wenn du sagst: Also konnte sie werden, sage ich, das ist wahr: Sie konnte werden durch das Vermögen der Wirkursache allein, nicht des Trägers und der Materie. Und weil in der Lösung[76] schon erwähnt wurde, daß eine Wirkung hinreichend vom Vermögen der Wirkursache allein abhängt, woran jemand zweifeln könnte, so wird es erklärt:

All das, dessen Erschaffung von der Materie abhängt, ist, wenn es keine Materie gibt, unmöglich. Alles Seiende diesseits des ersten Prinzips ist erschaffen, weil es eine Ursache hat; ein erschaffenes Seiendes nenne ich das, was einen andere Ursache seiner Hervorbringung hat. Wenn nun jede Erschaffung von der Materie abhängt und keine vom Vermögen des wirkursächlichen Prinzips allein, und [wenn] es außer allem Seienden diesseits des ersten Prinzips keine Materie gab, so folgt, daß alles Seiende diesseits des ersten Prinzips unmöglich wäre. [Es gibt aber Seiendes.][77] Es wäre also etwas erschaffen worden, das unmöglich erschaffen werden kann.

4. Zum vierten Argument. Wenn du sagst „alles Neue ist durch Veränderung geworden", so trifft das nur auf die Seienden zu, deren

---

74 Vgl. Anm. 7.
75 Damit ist nicht gemeint, daß die Welt immateriell sei, sondern daß sie – einschließlich der sie konstituierenden Materie – aus nichts geschaffen ist.
76 Vgl. [V.], (c), am Anfang.
77 Sinngemäße Ergänzung.

factio est per generationem; nam solum in generabilibus invenitur transmutatio. Unde et corpora caelestia quae habent substantias ingenitas, sicut transmutantur secundum situm, sic et generantur secundum situm.

5. Ad quintam rationem. Cum dicis: omne novum est in tempore, quoniam novum in aliqua duratione debet fieri in aliqua parte eius, quoniam si esset simul cum qualibet parte durationis illius, non esset novum in illa duratione, et sola duratio quae partes habet, tempus est, dico ad hoc quod aliquid potest dici novum duobus modis: aut quia est, cum prius non esset, sed habendo esse post suum contradictorium, non quod sit in aliqua parte durationis in qua est et in alia non; et sic mundus est novus, et tale novum non oportet esse in tempore.

Alio modo potest aliquid dici novum, quia in aliqua parte durationis in qua est habet esse, in alia parte non-esse; et omne quod sic novum est, necessario est in tempore, quia sola duratio quae partes habet, tempus est; et sic mundus non est novus. Unde mundus in nulla duratione potest esse novus: non in tempore, quia mundus incepit cum tempore, ideo nulla pars temporis antecedit mundum; nec in aeternitate, quia aeternitas est indivisibilis, et quod est in aeternitate, semper uno modo se habet.

Werden durch Zeugung bzw. Entstehung erfolgt; denn in dem, was aus Zeugung bzw. Entstehung hervorgeht, findet sich Veränderung. Daher werden auch die Himmelskörper, die ungewordene Substanzen haben, so wie sie sich der Lage nach verändern, so auch der Lage nach erzeugt.[78]

5. Zum fünften Argument. Wenn du sagst: Alles Neue ist in der Zeit, weil ja das in irgendeiner Dauer Neue in *einem Teil* derselben entstehen muß; denn wenn es zugleich mit *jedem Teil* dieser Dauer wäre, wäre es in dieser Dauer nicht neu, und nur eine Dauer, die Teile hat, ist Zeit – so sage ich darauf: Etwas kann auf zweierlei Weise neu genannt werden. Entweder, weil es ist, während es vorher nicht war – wobei es allerdings Sein hat nach seinem kontradiktorischen Gegensatz[79], nicht [so], daß es in einem Teil der Dauer, in der es ist, wäre und im anderen nicht –; und so ist die Welt neu, und etwas Neues dieser Art muß nicht in der Zeit sein.

In anderer Weise kann etwas neu genannt werden, weil es in einem Teil der Dauer, in der es ist, Sein hat und in einem anderen Teil Nicht-Sein; und alles, was in dieser Weise neu ist, ist notwendig in der Zeit, weil die einzige Dauer, die Teile hat, Zeit ist; und in dieser Weise ist die Welt nicht neu. Daher kann die Welt in keiner Dauer neu sein: nicht in der Zeit, weil die Welt mit der Zeit begann – darum geht kein Teil der Zeit der Welt voraus –; noch in der Ewigkeit, weil die Ewigkeit unteilbar ist und, was in der Ewigkeit ist, sich immer auf ein und dieselbe Weise verhält.

---

[78] D.h., der Stoffursache nach sind die Himmelskörper nicht erzeugt/entstanden (keine „generatio"), sondern geschaffen; ihr „Erzeugtsein" (d.h. Hervorgehen aus Veränderung, was ein zeitliches „vorher" impliziert) bezieht sich also nur auf das Einnehmen ihrer je und je neuen Lage im Raum. Vgl. Aristoteles, Metaphysik, VIII, 4 (1044 b 7f.).

[79] Zum Unterschied kontradiktorischer/konträrer Gegensatz vgl. Aristoteles, Kategorien, Kap. 10. Beispiel für einen kontradiktorischen Gegensatz: schwarz - nicht schwarz; Beispiel für einen konträren Gegensatz: schwarz - weiß. – In unserem Fall ist der Gegensatz Sein - Nichtsein kontradiktorisch; Zeit bzw. Dauer wird also nicht als ein beide Gegensätze umfassendes Zugrundeliegendes impliziert (wie bei konträren Gegensätzen – schwarz und weiß sind Farben, krank und gesund Zustände eines Lebewesens, usw.).

6. Ad sextam rationem dicendum. Cum dicis: „omnis generatio est ex corrupto", verum est. Cum dicis secundo: „omne corruptum prius est generatum", dico quod istam propositionem concedit naturalis, quia ipse ex suis principiis non potest ponere factionem rei generabilis et corruptibilis nisi per generationem. Qui tamen ponit factionem rei generabilis non esse per generationem – sicut debet ponere qui ponit primum hominem, homo enim est res generabilis, et eius productio non potest esse per generationem, si sit primus – ipse debet negare illam propositionem: „omne corruptum prius est generatum", quia ipsa contradicit suae positioni; primus enim homo aliquando corruptus est, cum tamen numquam fuerit generatus. Unde illa ratio sexta innititur principiis naturalibus, et dictum est superius quod qui ponit mundum esse factum novum, dimittere debet causas naturales et quaerere causam superiorem.

7. Ad septimam rationem dicendum. Cum dicis quod effectus in duratione non potest sequi suam causam sufficientem, dicendum quod hoc verum est de causa agente per naturam, non de agente voluntarie. Sicut enim deus aeterno intellectu potest nova intellegere, licet illa respectu sui non sint nova, sic aeterna voluntate potest nova agere.

8. Ad octavam rationem dicendum quod potens et volens de necessitate agit, hoc est verum in hora ad quam voluntas est determinata. Modo, licet aeterna sit potestas dei, qua potuit mundum facere, et voluntas qua voluit, quia tamen illa voluntas solum erat respectu horae in qua mundus factus est, ideo mundus est novus, licet voluntas dei sit aeterna.

9. Ad aliam rationem dicendum: Cum dicis: „omnis effectus novus aliquam requirit novitatem in aliquo suorum principiorum", dico quod illud non oportet in agente per voluntatem, quia secundum antiquam voluntatem possunt fieri actiones novae praeter hoc quod facta sit transmutatio in voluntate vel in volente. Ad confirmationem ratio-

6. Zum sechsten Argument. Wenn du sagst „alle Entstehung ist aus Vergangenem", so ist das wahr. Wenn du zweitens sagst „alles Vergangene ist zuvor entstanden", sage ich, daß der Naturphilosoph diesen Satz zugibt, weil er aus seinen Prinzipien das Werden eines durch Zeugung entstehenden und verderblichen Dings nur durch Zeugung bzw. Entstehung annehmen kann. Wer dennoch annimmt, das Werden eines durch Zeugung entstehenden Dings geschähe nicht durch Zeugung – wie annehmen muß, wer einen ersten Menschen annimmt, denn der Mensch ist ein durch Zeugung entstehendes Ding, er kann aber nicht durch Zeugung hervorgebracht werden, wenn es der erste ist –, der muß jenen Satz „alles Vergangene ist zuvor entstanden bzw. erzeugt worden" leugnen, denn er widerspricht seiner Position. Denn der erste Mensch ist irgendwann vergangen, obwohl er doch niemals gezeugt worden ist. Daher stützt sich dies sechste Argument auf natürliche Prinzipien, und oben ist gesagt worden, daß, wer annimmt, die Welt sei neu geschaffen worden, die natürlichen Ursachen fallenlassen und eine höhere Ursache suchen muß.

7. Zum siebten Argument. Wenn du sagst, eine Wirkung könne in der Dauer nicht ihrer zureichenden Ursache folgen, so ist zu sagen: Das ist wahr bei einer Ursache, die natürlich wirkt, nicht bei einer willentlich wirkenden. Wie Gott ja auch mit ewiger Einsicht Neues verstehen kann, obwohl es für ihn nicht neu ist, so kann er mit ewigem Willen Neues bewirken.

8. Zum achten Argument. Daß, was will und kann, aus Notwendigkeit wirkt, das ist in dem Moment wahr, auf den sich der Wille festgelegt hat. Allein, auch wenn die Macht Gottes, durch die er die Welt erschaffen konnte, und der Wille, durch den er [es] wollte, ewig sind – weil dennoch jener Wille sich nur auf den Augenblick bezog, in dem die Welt geschaffen wurde, daher ist die Welt neu, auch wenn Gottes Wille ewig ist.

9. Zu dem anderen[80] Argument. Wenn du sagst „jede neue Wirkung erfordert irgendeine Neuheit in irgendeinem ihrer Ursprünge", so sage ich: nicht notwendigerweise in einem willentlich Wirkenden, weil einem alten Willen gemäß neue Wirkungen eintreten können, ohne daß im Willen oder im Wollenden eine Veränderung eingetreten

---

80 Hier bricht Boethius von Dacien die Numerierung der Argumente ab.

nis dicendum quod non solum potest agens agere novum effectum, quia ipsum habet novam substantiam, aut quia ipsum habet aliquam novam virtutem vel situm, vel quia prius subiacebat impedimento, aut quia in suo passivo ex quo agit facta est nova dispositio, sed etiam aliquod agens potest producere effectum novum per hoc quod ipsum habet voluntatem aeternam terminatam ad aliquam horam in qua vult agere secundum illam voluntatem.

10. Ad sequentem rationem dicendum quod non oportet quod omne quod movetur post quietem reducatur ad motum aeternum, sed oportet quod omne quod movetur post quietem reducatur ad motum primum – sicut ad aliquam suam causam – qui non est post quietem. Unde licet motus primus sit novus, ipse tamen non est post quietem; non enim quaelibet immobilitas quies est, sed immobilitas eius quod natum est moveri, ut scribitur III. *Physicorum*. Et ante motum primum non erat aliquod mobile innatum moveri, et dico ante in duratione.

11. Ad aliam rationem dicendum. Cum dicis: „voluntas quae postponit volitum, exspectat aliquid in futuro", verum est solum de voluntate cuius actio est in tempore, quia solum in tempore est futuratio et exspectatio, sed de voluntate cuius actio est ante tempus, non est hoc verum. Et actio voluntatis divinae est ante tempus, saltem illa qua mundum et tempus agebat.

12. Ad sequentem rationem dicendum quod illa duo quae sunt in eadem duratione simul sunt, si nulla pars durationis illius cadit inter illa, sicut duo temporalia simul sunt in tempore inter quae nulla pars temporis cadit. Si tamen inter aliqua duo nulla cadit duratio propter hoc quod unum est in nunc aeternitatis et alterum est in nunc temporis, et sic nulla inter ea cadit duratio, non oportet quod talia sint simul.

wäre. Zur Bestätigung des Arguments ist zu sagen, daß eine Ursache nicht nur eine neue Wirkung hervorbringen kann, weil sie selbst eine neue Substanz hat, oder weil sie irgendeine neue Kraft oder Lage hat, oder weil ihr vorher ein Hindernis im Weg stand, oder weil in dem Substrat, an dem sie wirkt, eine neue Disposition eingetreten ist, sondern eine Ursache kann eine neue Wirkung auch dadurch hervorbringen, daß sie einen ewigen Willen hat, der auf irgendeinen Zeitpunkt hinzielt, zu dem sie jenem Willen gemäß wirken will.

10. Zum folgenden Argument ist zu sagen, daß sich nicht alles, was, nach [einem] Ruhe[zustand] bewegt wird, auf eine ewige Bewegung zurückführen lassen muß; sondern alles, was nach [einem] Ruhe[zustand] bewegt wird, muß sich auf eine erste Bewegung – als auf seine Ursache – zurückführen lassen, die nicht nach [einem] Ruhe[zustand] ist. Daher ist die erste Bewegung selbst, obwohl sie neu ist, doch nicht nach [einem] Ruhe[zustand]; denn nicht jede Unbeweglichkeit ist Ruhe, sondern nur die Unbeweglichkeit dessen, was darauf angelegt ist, bewegt zu werden, wie im 3. Buch der *Physik*[81] steht. Und vor der ersten Bewegung gab es kein Bewegbares, das darauf angelegt gewesen wäre, bewegt zu werden („vor" meine ich im Sinn von Dauer).

11. Zum anderen Argument ist zu sagen: Wenn du sagst „ein Wille, der das Gewollte aufschiebt, erwartet etwas in der Zukunft", so trifft das nur auf einen Willen zu, dessen Tätigkeit in der Zeit liegt, weil es nur in der Zeit künftiges Eintreten und Erwartung gibt. Auf einen Willen aber, dessen Tätigkeit vor der Zeit ist, trifft es nicht zu. Und die Tätigkeit des göttlichen Willens liegt vor der Zeit, wenigstens jene, durch die er die Welt und die Zeit bewirkte.

12. Zum folgenden Argument ist zu sagen, daß jene beiden Dinge, die in derselben Dauer sind, zugleich sind, wenn kein Teil dieser Dauer zwischen sie fällt – so wie zwei zeitliche Dinge zugleich in der Zeit sind, zwischen die kein Teil der Zeit fällt. Wenn dennoch zwischen irgend zwei Dinge keine Dauer fällt, weil das eine im Jetzt der Ewigkeit und das andere im Jetzt der Zeit ist (und so keine Dauer zwischen sie fällt), müssen solche Dinge nicht zugleich sein. So verhalten sich

---

[81] Aristoteles: Physik, III, 2 (202 a 3-5).

Sic se habent voluntas dei, quae est in nunc aeternitatis, et factio mundi, quae est in nunc temporis.

13. Ad aliam rationem dicendum, sicut dicebatur.

Tu arguis in contrarium, quia ponere talem formam voluntatis in deo, hoc est fingere. Dicendum quod non est verum: non enim omnia figmenta sunt quae demonstrari non possunt.

Ad illud quod tu secundo arguis, dico quod ex quo fuerit talis forma voluntatis divinae ab aeterno, talem oportuit esse modum procedendi voliti ex voluntate, ut volitum perfecte sit conforme voluntati.

Ad aliam rationem. Cum dicis: ab antiqua voluntate, inter quam et suum effectum non cadit transmutatio, non potest fieri novus effectus, hoc solum verum est de voluntate a qua procedit effectus per transmutationem; talis non est voluntas divina.

Ad aliud dico quod illud exemplum in aliquo est conveniens, licet non perfecte.

Rationes ad partem oppositam gratia conclusionis concedantur, licet solvi possint, cum sint sophisticae.

[VII.]
Ex his ergo apparet <quod> philosophum dicere aliquid esse possibile vel impossibile, hoc est illud dicere esse possibile vel impossibile per rationes investigabiles ab homine. Statim enim quando aliquis dimittit rationes, cessat esse philosophus, nec innititur philosophia revelationibus et miraculis. Cum ergo tu ipse dicis et dicere debes multa esse vera, quae tamen, si non affirmes vera nisi quantum ratio humana te inducere potest, illa numquam concedere debes, sicut est resurrectio hominum quam ponit fides – et bene; in talibus enim creditur auctori-

der Wille Gottes, der im Jetzt der Ewigkeit ist, und die Erschaffung der Welt, die im Jetzt der Zeit ist.

13. Zum anderen Argument ist zu sagen, was [schon] gesagt wurde.[82]

Du bringst dagegen vor, daß eine solche Willensform in Gott annehmen [etwas] erdichten heißt. Man muß sagen, daß das nicht wahr ist: denn nicht alles, was nicht bewiesen werden kann, ist Fiktion.

Zu dem, was du zweitens einwendest, sage ich: aus dem Grund, daß die Form des göttlichen Willens von Ewigkeit so beschaffen war, mußte die Weise, in der das Gewollte aus dem Willen hervorging, so beschaffen sein, damit das Gewollte dem Willen vollkommen entsprechend sei.

Zum anderen Argument. Wenn du sagst: von einem alten Willen, bei dem zwischen ihm und seiner Wirkung keine Veränderung eintritt, kann keine neue Wirkung ausgehen – so gilt das nur für einen Willen, von dem die Wirkung durch Veränderung ausgeht; ein solcher ist aber der göttliche Wille nicht.

Zum anderen sage ich, daß jenes Beispiel in mancher Hinsicht passend ist, allerdings nicht ganz.

Die Argumente für die Gegenseite[83] seien der Schlußfolgerung halber zugestanden, obgleich sie entkräftet werden können, da sie sophistisch sind.

[VII. Schluß]

Aus all dem ist also ersichtlich: wenn der Philosoph sagt, etwas sei möglich oder unmöglich, heißt das soviel wie „es ist möglich oder unmöglich aus Gründen, die vom Menschen erforschbar sind". Denn sobald jemand auf Vernunftgründe verzichtet, hört er auf, Philosoph zu sein, und auch die Philosophie stützt sich nicht auf Offenbarungen und Wunder. Wenn du also selbst sagst und sagen mußt, vieles sei wahr, was du dennoch nie zugeben darfst, wenn du [etwas] nur als wahr gelten läßt, insoweit dich die menschliche Vernunft [dazu] veranlassen kann, wie z.B. die Auferstehung des Menschen, die der Glaube annimmt – und zu Recht; denn in solchen Dingen glaubt man der göttlichen Autorität und nicht der menschlichen Vernunft – so fra-

---

[82] Vgl. die Antwort zu 9.
[83] D.h. die in [II.] vorgetragenen Gründe gegen die Ewigkeit der Welt.

tati divinae et non rationi humanae. Quaeram enim a te, quae ratio hoc demonstrat. Quaeram etiam, quae ratio demonstrat rem generabilem post suam corruptionem iterum redire sine generatione et etiam eandem in numero quae prius ante suam corruptionem erat, sicut oportet fieri in resurrectione hominum secundum sententiam nostrae fidei. PHILOSOPHUS tamen in fine II. *De Generatione* dicit rem corruptam posse redire eandem in specie, sed non eandem in numero. Nec propter hoc contradicit fidei, quia ipse dicit hoc non esse possibile secundum causas naturales. Ex talibus enim ratiocinatur naturalis. Fides autem nostra dicit hoc esse possibile per causam superiorem quae est principium et finis nostrae fidei, deus gloriosus et benedictus.

Ideo nulla est contradictio inter fidem et philosophum. Quare ergo murmuras contra philosophum, cum idem secum concedis? Nec credas quod philosophus, qui vitam suam posuit in studio sapientiae, contradixit veritati fidei catholicae in aliquo, sed magis studeas, quia modicum habes intellectum respectu philosophorum qui fuerunt et sunt sapientes mundi, ut possis intellegere sermones eorum. Sermo enim magistri intellegendus est ad melius, nec valet quod dicunt quidam maligni ponentes studium suum ad hoc quod possint invenire rationes repugnantes in aliquo veritati christianae fidei, quod tamen procul dubio est impossibile. Dicunt enim quod christianus secundum quod huiusmodi non potest esse philosophus, quia ex lege sua cogitur destruere principia philosophiae. Illud enim falsum est, quia christianus concedit conclusionem per rationes philosophicas conclusam non posse aliter se habere per illa per quae concluditur.

Et si concludatur per causas naturales, quod mortuum non redibit vivum immediate idem numero, hoc concedit non posse aliter se habere

ge ich dich denn, welcher Vernunftgrund das beweist. Ich frage dich auch, welcher Vernunftgrund beweist, daß ein durch Zeugung entstehendes Ding nach seinem Untergang ohne Zeugung noch einmal wiederkehrt, noch dazu als der Zahl nach dasselbe, das es vor seinem Untergang war, wie es bei der Auferstehung des Menschen der Lehre unseres Glaubens gemäß geschehen muß. Sagt doch der PHILOSOPH am Ende des 2. Buches *Über Entstehen und Vergehen*[84], ein vergangenes Ding könne als der Art, nicht aber der Zahl nach identisch wiederkehren. Aber darum widerspricht er dem Glauben nicht, weil er selbst sagt, das sei natürlichen Ursachen zufolge nicht möglich. Aus solchen schließt nämlich der Naturphilosoph. Unser Glaube sagt aber, das sei durch eine höhere Ursache möglich, welche der Anfang und das Ende unseres Glaubens ist, der glorreiche und gebenedeite Gott.

Daher besteht kein Widerspruch zwischen dem Glauben und dem Philosophen. Weshalb also murrst du gegen den Philosophen, wenn du dasselbe zugestehst wie er? Und glaub' nicht, daß der Philosoph, der sein Leben auf das Studium der Weisheit verwandt hat, der Wahrheit des katholischen Glaubens irgendworin widersprochen hat, sondern studiere mehr, weil du im Vergleich mit den Philosophen, die die Weisen der Welt waren und sind, nur eine mäßige Einsicht hast, damit du in der Lage bist, ihre Reden zu verstehen. Denn die Rede eines Lehrers ist im bestmöglichen Sinn aufzufassen, und nicht gilt, was ein paar Bösartige sagen, die ihren Ehrgeiz darein setzen, Argumente zu finden, die irgendworin der Wahrheit des christlichen Glaubens widersprechen, was doch ohne Zweifel unmöglich ist. Denn sie sagen, daß ein Christ als solcher kein Philosoph sein kann, weil er nach seinem Gesetz gezwungen ist, die Prinzipien der Philosophie zu untergraben.[85] Das ist allerdings falsch, weil der Christ einräumt, daß ein durch philosophische Argumente gefolgerter Schluß sich auf Grund der Mittel, durch die er erschlossen wird, nicht anders verhalten kann. Und wenn aus natürlichen Ursachen gefolgert wird, daß ein Toter nicht unmittelbar in numerischer Identität ins Leben zurückkehren

---

[84] Aristoteles: De gen. et. corr., II, 11 (338 b 11-17).
[85] Vgl. M. Heidegger, Einführung in die Metaphysik (Gesamtausgabe, II. Abt., Bd. 40, Frankfurt a.M. 1983, S. 9, vorherige Ausgaben: S. 6): „Eine ‚christliche Philosophie' ist ein hölzernes Eisen und ein Mißverständnis."

per causas naturales per quas concluditur; concedit tamen hoc posse se aliter habere per causam superiorem quae est causa totius naturae et totius entis causati. Ideo christianus subtiliter intellegens non cogitur ex lege sua destruere principia philosophiae, sed salvat fidem et philosophiam neutram corripiendo. Si autem aliquis, in dignitate constitutus sive non, tam ardua non possit intellegere, tunc obediat sapienti et credat legi christianae; non propter rationem sophisticam, quia ipsa fallit; nec propter rationem dialecticam, quia ipsa non facit ita firmum habitum sicut est fides, quia conclusio rationis dialecticae accipitur cum formidine alterius partis; nec propter rationem demonstrativam, tum quia non est possibilis in omnibus quae ponit lex nostra, tum quia ipsa facit scientiam – „est enim demonstratio syllogismus faciens scire", ut scribitur I. *Posteriorum* – et fides non est scientia. Huic legi Christi quemlibet christianum adhaerere et credere secundum quod oportet faciat auctor eiusdem legis Christus gloriosus qui est deus benedictus in saecula saeculorum. Amen.

wird, gesteht er [der Christ] zu, daß sich das auf Grund der natürlichen Ursachen, aus denen gefolgert wird, nicht anders verhalten kann. Doch räumt er ein, es könne sich anders verhalten auf Grund einer höheren Ursache, die die Ursache der ganzen Natur und alles verursachten Seienden ist. Daher wird der Christ, wenn er eine gründliche Einsicht hat, nicht gezwungen, wegen seines Gesetzes die Prinzipien der Philosophie zu untergraben; vielmehr rettet er den Glauben und die Philosophie, indem er keinem von beiden Eintrag tut. Wenn aber jemand, ob Würdenträger oder nicht, so Hohes nicht verstehen kann, dann gehorche er dem Weisen und glaube dem christlichen Gesetz; nicht wegen eines sophistischen Arguments, denn es trügt; auch nicht wegen eines dialektischen Arguments, denn das erzeugt keinen so starken Habitus, wie der Glaube es ist – einen Schluß der dialektischen Vernunft zieht man ja mit Furcht vor der anderen Seite[86] –; auch nicht wegen eines beweisenden Arguments, zum einen, weil es nicht bei allem möglich ist, was unser Gesetz als wahr annimmt, zum anderen, weil es selbst Wissen macht – „der Beweis ist nämlich ein wissen machender Schluß", wie es im ersten Buch der *Zweiten Analytik*[87] heißt –, und der Glaube ist nicht Wissen. Diesem Gesetz Christi mache jeden Christen gläubig anhangen, wie es sich gebührt[88], der Urheber ebendieses Gesetzes, der glorreiche Christus, der Gott ist, gepriesen in alle Ewigkeit. Amen.

---

[86] Eine „Kritik der dialektischen Vernunft" (Sartre, 1960) ante litteram: Wer dialektisch „beweist", muß befürchten, daß der Gegner durch geschicktes Höherdrehen der Reflexionsschraube das Argument aushebelt.
[87] Aristoteles: Zweite Analytik, I, 2 (71 b 17f.).
[88] Kein zufälliger Einschub, sondern Reminiszenz der Einleitung: Es wäre unphilosophisch, zu glauben, wo es Gründe gibt.

LITERATUR

Quellen:

Bonaventura, Ist die Welt in der Zeit hervorgebracht, oder von Ewigkeit?/Utrum mundus productus sit ab aeterno, an ex tempore.
Sent. II d. 1 p. 1 a. 1 q. 2; Opera omnia, Bd. II, Quaracchi 1885, 19a-25b.

Thomas von Aquin, Ist die Welt ewig?/Utrum mundus sit aeternus.
Sent. II d. 1 q. 1 a. 5; Opera Omnia, ed. Busa, Bd. 1, Stuttgart-Bad Cannstatt 1980, 125a-127a.

–, Die Ewigkeit der Welt/De aeternitate mundi; ed. Leon., Bd. XLIII, Rom 1976, 85a-89b.

Boethius von Dacien, Die Ewigkeit der Welt/De aeternitate mundi; ed. N.G. Green-Pedersen, in: Corpus Philosophorum Danicorum Medii Aevi, Bd.VI/2, Kopenhagen 1976, 335-366.

Übersetzungen:

St. Thomas Aquinas, Siger of Brabant, St. Bonaventure, On the Eternity of the World (De Aeternitate Mundi), transl. C. Vollert, L.H. Kendzierski, P.M. Byrne, Milwaukee 1964.

Boethius of Dacia, On the Supreme Good, On the Eternity of the World, On Dreams, Translation and Introduction by John F. Wippel, Toronto 1987, 36-67.

Weiterführende Literatur:

Al-Azm Sadik J., The Origins of Kant's Argumentation in the Antinomies, Oxford 1972.

Antweiler A., Die Anfangslosigkeit der Welt nach Thomas von Aquin und Kant, Trier 1961.

Argerami O., La Cuestión ‚De aeternitate mundi': Posiciones Doctrinales, in: Sapientia 27 (1972), 313-334, 28 (1973), 179-208.

Baudry J., Le problème de l'origine et de l'éternité du monde, Paris 1931.

Behler E., Die Ewigkeit der Welt. Problemgeschichtliche Untersuchungen zu den Kontroversen um Weltanfang und Weltunendlich-

keit in der arabischen und jüdischen Philosophie des Mittelalters, München/Paderborn/Wien 1965.

Behler E., Artikel „Ewigkeit der Welt", in: Historisches Wörterbuch der Philosophie, Bd. 2, Basel 1972, Sp. 844-848.

Bertola E., Tommaso d'Aquino e il problema dell'eternità del mondo, in: Rivista di Filosofia neo-scolastica 66 (1974), 312-355.

Bianchi L., L'errore di Aristotele. La polemica contro l'eternità del mondo nel XIII secolo, Florenz 1984.

Brady I., John Pecham and the Background of Aquinas's *De aeternitate mundi*, in: St. Thomas Aquinas 1274-1974. Commemorative Studies, ed. A.A. Maurer, Toronto 1974, Bd. 2, 141-178.

Brown St. F., The Eternity of the World Discussion at Early Oxford, in: Miscellanea Mediaevalia 21/1 (1991), 259-280.

Bukowski Th.P., An Early Dating for Aquinas' *De aeternitate mundi*, in: Gregorianum 51 (1970), 277-304.

Bukowski Th.P., J. Pecham, T. Aquinas, et al., on the Eternity of the World, in: Recherches de théologie ancienne et médiévale 46 (1979), 216-221.

Dales R.C., Maimonides and Boethius of Dacia on the Eternity of the World, in: The New Scholasticism 56 (1982), 306-319.

Dales R.C., Medieval Discussions of the Eternity of the World, Leiden 1990. [271-280: Lit.]

Deku H., Infinitum prius finito, in: H. Deku, Wahrheit und Unwahrheit der Tradition. Metaphysische Reflexionen, ed. W. Beierwaltes, St. Ottilien 1986 (geringfügig überarbeitet; ursprünglich in: Philosophisches Jahrbuch 62 [1953], 267-284).

Dempf A., Das Unendliche in der mittelalterlichen Metaphysik und in der Kantischen Dialektik, Münster 1926.

Dunphy W., Maimonides and Aquinas on Creation. A Critique of their Historians, in: Graceful Reason. Essays in Ancient and Medieval Philosophy Presented to Joseph Owens, ed. L.P. Gerson, Toronto 1983, 361-379.

Dwyer W.J., L'Opuscule de Siger de Brabant *De aeternitate mundi*. Introduction et texte, Louvain 1937.

Esser Th., Die Lehre des heiligen Thomas von Aquino über die Möglichkeit einer anfangslosen Schöpfung, Münster 1895.

Flasch K., Aufklärung im Mittelalter? Die Verurteilung von 1277, Mainz 1989.

Gierens M., Controversia de aeternitate mundi, Rom 1933.
Gilson Et., Le thomisme, Paris ⁵1948. [207-214]
Gilson Et., Jean Duns Scot. Introduction à ses positions fondamentales, Paris 1952. [341-343]
Gilson Et., La philosophie de saint Bonaventure, Paris ³1953. [154-164]
Gilson Et., Boèce de Dacie et la double vérité, in: Archives d'histoire doctrinale et littéraire du moyen âge, Bd. 22, Jg. 30 (1955), 81–99.
Gram M.S., Kant's First Antinomy, in: The Monist 51 (1967), 499-518.
Grünbaum A., Die Schöpfung als Scheinproblem der physikalischen Kosmologie, in: Wege der Vernunft, ed. A. Bohnen/A. Musgrave, Tübingen 1991, 164-191.
Guitton J., Le temps et l'éternité chez Plotin et saint Augustin, Paris ²1955. [156ff.]
Heimsoeth H., Zeitliche Weltunendlichkeit und das Problem des Anfangs. Eine Studie zur Vorgeschichte von Kants Erster Antinomie, in: H. Heimsoeth, Studien zur Philosophiegeschichte, Köln 1961, 269-292.
Hendrickx F., Das Problem der „Aeternitas mundi" bei Thomas von Aquin, in: Recherches de théologie ancienne et médiévale 34 (1967), 219-237.
Hissette R., Enquête sur les 219 articles condamnés à Paris le 7 mars 1277, Louvain/Paris 1977.
Holz H., Philosophische und theologische Antinomik bei Kant und Thomas von Aquin, in: Kant-Studien 61 (1970), 66-82.
Jellouschek C.J., Verteidigung der Möglichkeit einer anfangslosen Weltschöpfung durch Herveus Natalis, Joannes a Neapoli, Gregorius Ariminensis und Joannes Capreolus, in: Jahrbuch für Philosophie und spekulative Theologie 26 (1912), 155-187, 325-367.
Koch J., Cusanus-Texte (Sitzungsberichte der Heidelberger Akademie der Wissenschaften), I. Predigten, Heidelberg 1937. [51ff.]
Krause J., Quomodo s. Bonaventura mundum non esse aeternum sed tempore ortum demonstraverit, Braunsberg 1890.
Kreimendahl L., Kant – Der Durchbruch von 1769, Köln 1990.
Leaman O., Moses Maimonides, London/New York 1990. [65ff.]

Long R.J., The First Oxford Debate on the Eternity of the World, in: Recherches de Théologie et Philosophie médiévales 65/1 (1998), 52-67.

Macken R., La temporalité radicale de la créature selon Henri de Gand, in: Recherches de théologie ancienne et médiévale 38 (1971), 211-272.

Maier A., Diskussionen über das aktuell Unendliche in der ersten Hälfte des 14. Jahrhunderts, in: A. Maier, Ausgehendes Mittelalter. Gesammelte Aufsätze zur Geistesgeschichte des 14. Jahrhunderts, Bd. I, Rom 1964, 41-85 (wiederabgedruckt aus: Divus Thomas [F] 25 [1947], 147-166, 317-337).

Rohner A., Das Schöpfungsproblem bei Moses Maimonides, Albertus Magnus und Thomas von Aquin, Münster 1913 (Beiträge zur Geschichte der Philosophie des Mittelalters XI, 5).

Rolfes E., Die Controverse über die Möglichkeit einer anfangslosen Schöpfung, in: Philos. Jb. 10 (1897), 1-22.

Schneider J.H.J., The Eternity of the World. Thomas Aquinas and Boethius of Dacia, in: Archives d'histoire doctrinale et littéraire du moyen âge, 66 (1999), 121-141.

Sertillanges A.-D., L'idée de création et ses retentissements en philosophie, Paris 1945.

Snyder St.C., Albert the Great: Creation and the Eternity of the World, in: Philosophy and the God of Abraham. Essays in Memory of James A. Weisheipl OP, ed. R.J. Long, Toronto 1991, 191-202.

Sorabji R., Time, Creation and the Continuum, London und Ithaca NY 1983.

Thijssen J.M.M.H., The Response to Thomas Aquinas in the Early Fourteenth Century: Eternity and Infinity in the Worlds of Henry of Harclay, Thomas Wilton and William of Alnwick O.F.M., in: Wissink (1990), 82-100.

Van Steenberghen F., La controverse sur l'éternité du monde au XIIIe siècle, in: Académie Royale de Belgique, Bulletin de la classe des Lettres et des Sciences Morales et Politiques, Reihe 5, Bd. 58, Brüssel 1972, 267-287.

Van Steenberghen F., Ontologie. Philosophia Lovaniensis, Zürich/Köln 1952. [371ff.]

Van Veldhuijsen P., The Question on the Possibility of an Eternal Created World: Bonaventura and Thomas Aquinas, in: Wissink (1990), 20-38.

Weisheipl J.A., The Date and Context of Aquinas' *De aeternitate mundi*, in: Graceful Reason. Essays in Ancient and Medieval Philosophy Presented to Joseph Owens, ed. L.P. Gerson, Toronto 1983, 239-271.

Wieland W., Die Ewigkeit der Welt (Der Streit zwischen Joannes Philoponus und Simplicius), in: Die Gegenwart der Griechen im neueren Denken (Festschrift für H.-G. Gadamer zum 60. Geburtstag, ed. D. Henrich u.a.), Tübingen 1960, 291-316.

Wilpert P., Boethius von Dacien – die Autonomie des Philosophien, in: Miscellanea Mediaevaelia 3 (1964), 135-152.

Wilson G.A., Good Fortune and the Eternity of the World: Henry of Ghent and John Duns Scotus, in: Recherches de Théologie et Philosophie médiévales 65/1 (1998), 40-51.

Wippel J.F., Did Thomas Aquinas Defend the Possibility of an Eternally Created World? (The *De aeternitate mundi* Revisited), in: Journal of the History of Philosophy 19 (1981), 21-37.

Wissink J.B.M. (ed.), The Eternity of the World in the Thought of Thomas Aquinas and his Contemporaries, Leiden 1990.

Wolfson H.A., Patristic Arguments against the Eternity of the World, in: Harvard Theological Review 59 (1966), 351-367.

Wood R., Richard Rufus of Cornwall on Creation: The Reception of Aristotelian Physics in the West, in: Medieval Philosophy and Theology 2 (1992), 1-30.

Worms M., Die Lehre von der Anfangslosigkeit der Welt bei den mittelalterlichen arabischen Philosophen des Orients und ihre Bekämpfung durch die arabischen Theologen, Münster 1900.

Zimmermann A., „Mundus est aeternus." – Zur Auslegung dieser These bei Bonaventura und Thomas von Aquin, in: Miscellanea Mediaevalia 10 (1976), 317-330.

Zimmermann A., Alberts Kritik an einem Argument für den Anfang der Welt, in: Miscellanea Mediaevalia 14 (1981), 78-88.

Zimmermann A., „Naturalis creationem considerare non potest". Überlegungen zur modernen und mittelalterlichen Naturphilosophie, in: Recherches de Théologie et Philosophie médiévales 64/2 (1997), 420-436.

WERNER BEIERWALTES

Platonismus im Christentum

1998. 222 Seiten
Philosophische Abhandlungen Band 73
ISBN 3-465-02975-5

Christliche Theologie ist seit ihrer Entstehung und in ihrer weiteren Entwicklung nicht ohne Philosophie denkbar. Begriffliches Denken wird zur reflektierenden Selbstdurchdringung des Glaubens. So ist für die Ausformung von Theologie als „Wissenschaft" seit den Anfängen die griechische Metaphysik – besonders in der Gestalt des Platonismus und Aristotelismus – in je verschiedener Intensität maßgebend geworden. Die darin sich vollziehende Übernahme und Umformung philosophischer Theoriepotentiale, Denkformen und terminologischer Sprache ist nicht nur formaler Natur, sondern prägt ebenso sehr die „Sache" der Theologie. Daher ist innerhalb der geschichtlichen Entwicklung dieses Verhältnisses immer wieder die Phobie einer „Hellenisierung", d.h. einer „Verweltlichung" des Christentums aufgekommen.

„Beierwaltes arbeitet – mit durch historische Forschung geschärftem Bewußtsein für Differenzen – an der Erneuerung der Konkordanz von Philosophie und Theologie. Er könnte damit das Selbstverständnis unserer auf Antike *und* Christentum basierenden Kultur verändern; darum gehört dieses Buch zu den wichtigsten philosophischen Neuerscheinungen der letzten Jahre."

Zeitschrift für philosophische Forschung

http://www.klostermann.de
P.O. Box 90 06 01   60446 Frankfurt   Fax: (069) 70 80 38

VITTORIO KLOSTERMANN · FRANKFURT AM MAIN

KURT FLASCH

Nikolaus von Kues.
Geschichte einer Entwicklung

Vorlesungen zur Einführung in seine Philosophie

1998. 680 Seiten. ISBN 3-465-02705-1

Nikolaus von Kues (1401-1464) hat sein Denken als allmähliche Entwicklung beschrieben, die ihn zu der Einsicht gebracht habe, die Wahrheit liege nicht im Verborgenen, sondern schreie auf den Straßen. Deutlich hat er die Stufen seiner intellektuellen Entwicklung markiert. Die meisten Darstellungen der Philosophie des Cusanus haben von seinen Hinweisen nicht profitiert, weil sie überwiegend *De docta ignorantia* (abgeschlossen 1440) oder einzelne ausgewählte Texte interpretieren. Dieses zweite große Cusanus-Buch von Kurt Flasch macht hingegen den Versuch, von 1430 bis 1464 Schrift für Schrift mitdenkend zu charakterisieren, und schafft dabei ein bewegtes Gesamtbild des Cusanischen Denkens, eingebettet in sein historisches Umfeld. Es stellt dessen Argumentationen in chronologischer Folge dar und vergleicht sie mit dem Ziel einer genetischen Analyse.

„Schicht für Schicht von verunklarenden Übersetzungen, falschen Erwartungen und verfälschenden Deutungen hat Flasch abgetragen. Es ist der lebendigste, philosophisch stärkste, gedanklich kontrastreichste Cusanus, den es je zu lesen gab. Indem er Nikolaus von Kues als ganz seiner Zeit zugehörig zeigt, gibt er ein für die Gegenwart gültiges Bild seines Denkens."

Frankfurter Allgemeine Zeitung

http://www.klostermann.de
P.O. Box 90 06 01   60446 Frankfurt   Fax: (069) 70 80 38

VITTORIO KLOSTERMANN · FRANKFURT AM MAIN

KLOSTERMANN TEXTE PHILOSOPHIE

ARISTOTELES
Nikomachische Ethik VI

Text griechisch-deutsch
Herausgegeben, übersetzt, eingeleitet und kommentiert
von Hans-Georg Gadamer

1998. VIII, 70 Seiten. ISBN 3-465-02980-1

PLOTIN
Über Ewigkeit und Zeit (Enneade III, 7)

Text griechisch-deutsch
Einleitung, Übersetzung und Kommentar
von Werner Beierwaltes

*4., ergänzte Auflage 1995. VIII, 320 Seiten
ISBN 3-465-02855-4*

THOMAS VON AQUIN
Prologe zu den Aristoteles-Kommentaren

Herausgegeben, übersetzt und eingeleitet
von Francis Cheneval und Ruedi Imbach

1993. LXX, 116 Seiten. ISBN 3-465-01881-8

VITTORIO KLOSTERMANN · FRANKFURT AM MAIN